SHANDONG
TESE YOUSHI GUOSHU
ZHONGZHI ZIYUAN TUZHI

山东特色优势果树种质资源图志

王少敏 等 著

中国农业出版社
北 京

主　著：王少敏

副主著：李慧峰　冉　昆　刘　伟　魏树伟

著　者（以姓氏笔画为序）：

卜海东　马亚男　王少敏　王宏伟
牛庆霖　冉　昆　闫振华　刘　伟
孙　岩　宋　伟　李怀水　李朝阳
李慧峰　张　勇　周恩达　赵海洲
柳玉鹏　崔海金　焦其庆　焦奎宝
戴振建　魏树伟

FOREWORD 前言

苹果、梨、桃、山楂是山东特色优势果树，栽培历史悠久，资源极其丰富，特色明显，产业规模及效益在全国处于领先地位。经过长期的栽培选择，已形成了众多适合不同生态类型的地方品种，对当地自然或栽培环境具有较好的适应性，是系统育种的原始材料，不乏优良基因型，其中不少品种在生产中发挥了重要作用，如青州林檎、博山沙果、莱阳茌梨、肥城桃、莱芜黑红等，增加了农民收入，为当地经济做出了巨大贡献。

苹果是山东省种植面积和产量最大的果树树种，在全国苹果生产中占有举足轻重的地位，目前形成了胶东和鲁中两大主产区。除大苹果品种外，野生驯化品种和野生资源较多，包括品种资源和砧木资源。品种资源以沙果品种群为主，野生砧木资源常见的有西府海棠、楸子、扁棱海棠、湖北海棠、山定子、三叶海棠、大鲜果等7个种，包含30多个类型。梨栽培历史悠久，品种资源丰富。依据生态环境和品种栽培特点，形成了胶东半岛、鲁西北平原和鲁中南三大主产区。在中国原产的13个种中，山东境内已查明的有6种，另从国外引进西洋梨1种；栽培品种以白梨、砂梨系统为主，并形成了许多历史名产，如莱阳茌梨、黄县长把梨、栖霞大香水、阳信鸭梨等。桃主产区主要划分为鲁中南山区、鲁西黄河故道平原区、胶东半岛丘陵区3个区域。据统计，山东省现有桃栽培品种200多个，其中有名优地方品种26个，如肥城桃、青州蜜桃、崂山水蜜、五月鲜等；育成品种59个，如岱妃、玉妃、齐鲁巨红等；野生、半野生资源若干。山楂是鲁中南地区的原生果树之一，主要分布在沂蒙山区的山丘地带，由于长期的实生变异、自然杂交等，形成了数十个各具特色的品种类型，是北方山楂一些优良品种的发源地。据调查，现有山楂品种类型57个，如临沂大金星、平邑歪把红、五棱红、甜红子、超金星等。

种质资源是进行新品种培育和基础理论研究的重要源头。地方品种中常存在特殊优异的性状基因，是果树种质资源的重要组成部分。如莱阳茌梨品质极佳，是品质育种的宝贵资源；金坠梨是宝贵的自交亲和育种材料。但目前品种命名及分类比较混乱，给种质资源的保存、育种和生产带来极大不便。另外，近年来品种资源流失严重，严重制约了山东省特色优势果树新品种选育的发展，亟需进行搜集保护和发掘利用。因此，加强山东特色优势果树资源的收集、保护、研究和利用，对促进果树产业发展具有重要意义。

《山东特色优势果树种质资源图志》首次对山东省苹果、梨、桃、山楂的种质资源进行较全面、系统的调查研究和总结，工作量大，内容翔实，收集整理种质资源共627份，基本摸清了山东省上述4个果树树种的家底，为品种鉴定评价、优良基因挖掘和种质创新利用奠定了坚实基础，具有重要的参考价值。全书图文并茂，科学性和可读性强，相信此书的出版必将对山东省果树地方品种的研究和开发利用发挥重要作用。

本书得到了山东省农业良种工程“山东特色优势果树资源收集、评价与创新利用”和山东省农业科学院农业科技创新工程“山东特色果茶提质增效及标准化生产技术研究”（CXGC2018F03）的资助。

著　者

2019年2月

CONTENTS 目 录

第一章 苹 果

第一节 特异地方品种

01. 山荆子 (Shanjingzi)

来源及分布 $2n$=34，原产黑龙江、吉林、辽宁等省，在山东泰安、淄博、临沂、烟台等地有栽培。

主要性状 单果重0.64g，纵径0.6～1.1cm，横径1.0～1.2cm，圆球形；果皮底色为黄色，盖色鲜红或暗红；果心极小，5心室；果肉黄色，肉质软面，汁液少，味涩，无香味。

树势强，树姿半开张，萌芽力强，成枝力强，丰产。一年生枝黄褐色或淡褐色；叶片长椭圆形，长3.0～8.0cm，宽2.0～4.0cm，叶尖渐尖，叶基楔形至圆形；花蕾白色，每花序3～7朵花，平均4.2朵；雄蕊15～20枚，平均16.9枚；花冠直径3.2cm。

在山东泰安地区，果实9月上旬成熟。

特殊性状描述 不抗盐碱，在盐碱涝洼地容易发生黄叶病。

02. 平邑甜茶 (Pingyi Tiancha)

来源及分布　2*n*=51，原产山东省，在山东平邑蒙山一带分布。

主要性状　单果重0.58g，纵径0.9cm，横径1.1cm，球形；果皮底色黄色，阳面有红晕；果心极小，4或5心室；果肉黄色，肉质软面，汁液极少，味涩，无香味。

树势强，树姿开张，萌芽力强，成枝力强，丰产。一年生枝灰褐色或绿褐色；叶片卵圆或椭圆形，长4.0～8.0cm，宽2.0～4.0cm，叶尖渐尖，叶基宽楔形；花蕾粉红色，每花序3～5朵花，平均3.4朵；雄蕊16～20枚，平均17.2枚；花冠直径3.5～4.0cm。

在山东泰安地区，果实10月中旬成熟。

特殊性状描述　具有无融合生殖特性，砧苗生长粗壮整齐。比较抗盐，抗白粉病的能力强。

03. 泰山海棠（Taishan Haitang）

来源及分布 2*n*=51，原产山东省，在山东泰山极顶分布。

主要性状 单果重0.22g，纵径0.4cm，横径0.6cm，球形；果皮底色黄，盖色红；果心有大、中、小之分，3或5心室；果肉黄绿色，肉质软面，汁液极少，味涩，无香味。

树势弱，树姿开张，萌芽力中等，成枝力弱，丰产。一年生枝黄褐色或绿褐色；叶片椭圆形，长4.2cm，宽2.8cm，叶尖渐尖，叶基宽楔形；花蕾淡红色，每花序2～5朵花，平均3.7朵；雄蕊14～17枚，平均15.3枚；花冠直径2.5～3.7cm。

在山东泰安地区，果实10月下旬成熟。

特殊性状描述 与苹果嫁接成活较差。不抗旱，不耐盐，对白粉病的抵抗力强。

04. 算盘珠（Suanpanzhu）

别名　红海棠。

来源及分布　$2n=34$，原产山东、河北等省，在山东莱芜、淄博、临沂一带栽培。

主要性状　单果重6.8～7.8g，纵径1.8～2.0cm，横径2.4～2.6cm，扁圆形；果皮白黄色，阳面有淡红晕；果心小，心室中轴闭合；果肉淡黄色，肉质致密，汁液中，味酸涩，无香味；含可溶性固形物12.1%；品质中等。

树势强，树姿直立，萌芽力强，成枝力强，丰产。一年生枝黄褐色；叶片椭圆形，长7.2～9.4cm，宽3.8～5.4cm，叶尖突尖，叶基楔形或近圆形；花蕾粉红色，每花序5～10朵花，平均7.6朵；雄蕊18～20枚，平均18.4枚；花冠直径5.6～6.0cm。

在山东泰安地区，果实9月中旬成熟。

特殊性状描述　抗逆性强，不耐盐碱。

05. 九月崩 (Jiuyuebeng)

别名 砘轱辘。

来源及分布 $2n=34$，原产山东、河北等省，在山东临沂、莱芜有零星栽培。

主要性状 单果重8.1～10g，纵径2.2～2.4cm，横径2.5～2.7cm，扁圆形乃至圆形；果皮底色黄色，盖色鲜红；果心中大，心室5个；果肉白黄色，肉质细脆而韧，汁液多，味酸，无香味；含可溶性固形物12.3%；品质中等，常温下可贮藏3～5d。

树势中强，树姿开张，萌芽力强，成枝力强，丰产。一年生枝黄褐色；叶片长椭圆形，长6.2～8cm，宽2.8～4cm，叶尖渐尖或突尖，叶基楔形；花蕾粉红色，每花序16～20朵花，平均18.7朵；雄蕊18～20枚，平均19.2枚；花冠直径5.3～6.2cm。

在山东泰安地区，果实8月下旬至9月上旬成熟。

特殊性状描述 抗风、抗病、耐旱、耐寒。

06. 红柰子（Hongnaizi）

别名　八月芒。

来源及分布　$2n$=34，原产山东、河北等省，在山东莱芜、淄博等地有栽培。

主要性状　单果重9.7～12g，纵径2.6～2.8cm，横径2.8～2.9cm，圆形；果皮底色绿黄，阳面鲜红；果心大，心室5个；果肉白黄色，肉质中粗、致密而脆，汁液多，味酸甜、较涩，无香味；含可溶性固形物11.2%；品质中下等，常温下可贮藏5～7d。

树势强，树姿半开张，萌芽力强，成枝力弱，丰产。一年生枝黄褐色；叶片椭圆形，长7.8～11.5cm，宽3.8～5.5cm，叶尖渐尖，叶基广楔形；花蕾浅粉红色，每花序5～7朵花，平均5.9朵；雄蕊16～20枚，平均18.6枚；花冠直径5.6～6.0cm。

在山东泰安地区，果实8月上中旬成熟。

特殊性状描述　抗旱、抗病。

07. 长把子 （Changbazi）

来源及分布 2n=34，原产山东省，在山东莱芜、泰安等地有栽培。

主要性状 单果重6～8g，纵径1.8～2.2cm，横径2.0～2.3cm，近圆形乃至短倒卵形；果皮底色黄，阳面鲜红；果心中等大，心室5个、中轴闭合；果肉淡黄色，肉质致密、中粗，汁液中多，味酸甜，无香味；含可溶性固形物12.2%；品质中等。

树势强，树姿直立，萌芽力中等，成枝力强，丰产。一年生枝黄褐色；叶片卵圆形，长6.7～9.5cm，宽3.3～4.6cm，叶尖渐尖，叶基宽楔形；花蕾浅粉红色，每花序16～20朵花，平均18.2朵；雄蕊18～20枚，平均19.5枚；花冠直径3.8～4.5cm。

在山东泰安地区，果实9月下旬成熟。

特殊性状描述 抗病、抗虫、耐旱及耐盐碱等。

08. 黄林檎 （Huanglinqin）

来源及分布　2n=34，原产山东、河北等省，在山东青州一带有栽培。

主要性状　单果重20～30g，纵径2.3cm，横径3.1cm，短卵圆形或近圆形；果皮黄色；果心中等大，心室5个，中轴闭合或稍开张；果肉淡黄色，肉质细、稍松散，汁液少，味甜，有微香；含可溶性固形物12.5%；品质中等，常温下可贮藏5～7d。

树势中庸，树姿半开张，萌芽力强，成枝力弱，丰产。一年生枝黄褐色；叶片长椭圆形，长7.4～9.2cm，宽3.6～4.8cm，叶尖短锐尖，叶基楔形；花蕾粉红色，每花序3～6朵花，平均4.7朵；雄蕊16～20枚，平均18.6枚；花冠直径5.2cm。

在山东泰安地区，果实8月上旬成熟。

特殊性状描述　耐旱、抗涝、抗风。

09. 红林檎 （Honglinqin）

来源及分布 2*n*=34，原产山东、河北等省，在山东青州等地有栽培。

主要性状 单果重22～27g，纵径3～3.5cm，横径3.5～3.9cm，近圆形乃至扁圆形；果皮底色黄，盖色鲜红；果心小，5心室，心室中轴半开张；果肉白黄色，肉质细、致密，汁液多，味酸甜，无香味；含可溶性固形物13.1%；品质中等，常温下可贮藏10～15d。

树势强，树姿半开张，萌芽力强，成枝力中等，丰产。一年生枝黄褐色；叶片椭圆形，长8.1～9.5cm，宽3.2～3.8cm，叶尖渐尖，叶基楔形；花蕾浅粉红色，每花序3～5朵花，平均4.3朵；雄蕊16～20枚，平均18.9枚；花冠直径4.8cm。

在山东泰安地区，果实10月末至11月初成熟。

特殊性状描述 抗病、抗虫、耐旱。

10. 红茶果 （Hongchaguo）

来源及分布　2n=34，原产山东、河北等省，在山东临沂、莱芜、淄博有栽培。

主要性状　单果重12～16g，纵径1.8～2.3cm，横径2.1～2.9cm，圆形；果皮底色黄，盖色红；果心小，5心室，中轴微开或闭合；果肉淡黄色，肉质细、硬脆，汁液多，味酸，无香味；含可溶性固形物12.4%；品质中等。

树势强，树姿稍直立或半开张，萌芽力强，成枝力强，丰产。一年生枝黄褐色；叶片椭圆形，长6.4～9.5cm，宽3.6～4.8cm，叶尖渐尖，叶基截形；花蕾粉红色，每花序3～6朵花，平均4.5朵；雄蕊16～20枚，平均17.8枚；花冠直径3.2cm。

在山东泰安地区，果实8月末至9月初成熟。

特殊性状描述　耐旱，不耐盐碱。

11. 黄茶果（Huangchaguo）

来源及分布 2*n*=34，原产山东、河北等省，在山东临沂、莱芜、淄博有栽培。

主要性状 单果重10～15g，纵径1.3～2.1cm，横径1.6～2.4cm，圆形；果实黄色；果心小，5心室，中轴微开或闭合；果肉淡黄色，肉质细、硬脆，汁液多，味涩，无香味；含可溶性固形物10.1%；品质差。

树势强，树姿稍直立或半开张，萌芽力强，成枝力强，丰产。一年生枝黄褐色；叶片椭圆形，长6.7～10.0cm，宽3.6～5.1cm，叶尖渐尖，叶基截形；花蕾粉红色，每花序3～6朵花，平均4.2朵；雄蕊16～20枚，平均18.4枚；花冠直径2.9cm。

在山东泰安地区，果实8月中旬成熟。

特殊性状描述 耐旱，不耐盐碱。

12. 一撮毛（Yicuomao）

来源及分布　2*n*=34，原产山东省，在山东临沂、淄博等地有栽培。

主要性状　单果重14～18g，纵径2.8～3.2cm，横径3.1～3.4cm，圆形；果皮底色绿黄，盖色鲜红；果心中大，闭合，5心室；果肉白色，肉质致密，汁液多，味酸甜，无香味；含可溶性固形物12.2%；品质中等。

树势强，树姿直立，萌芽力强，成枝力强，丰产。一年生枝黄褐色；叶片椭圆形，长8.4～10.2cm，宽3.2～4.2cm，叶尖渐尖，叶基楔形；花蕾粉红色，每花序3～6朵花，平均4.3朵；雄蕊16～20枚，平均18.5枚；花冠直径3.0cm。

在山东泰安地区，果实9月上旬成熟。

特殊性状描述　抗病、抗虫、耐旱及耐盐碱。

13. 烟台沙果 (Yantai Shaguo)

来源及分布　$2n$=34，原产山东省，在山东烟台的栖霞、福山等地有栽培。

主要性状　单果重4.8g，纵径2.0～2.5cm，横径1.8～2.4cm，卵圆形；果皮黄色，阳面有微红晕；果心极小，5心室；果肉黄白色，肉质粗，汁液少，味涩，无香味。

树势强，树姿开张，萌芽力强，成枝力强，丰产。一年生枝褐色或绿色；叶片椭圆形，长3.0～8.0cm，宽2.0～4.0cm，叶尖渐尖，叶基楔形至圆形；花蕾粉红色，每花序3～7朵花，平均4.2朵；雄蕊15～20枚，平均16.9枚；花冠直径3.2cm。

在山东泰安地区，果实8月上旬成熟。

特殊性状描述　一年生实生苗较壮，与苹果嫁接亲和力强，有一定的矮化倾向，比较抗旱、抗涝和抗盐。

14. 春蜜果 (Chunmiguo)

别名 五月红、伏海棠、蜜果子、小蜜果、谢花甜。

来源及分布 2*n*=34，原产山东、河北等省，在山东淄博、临沂、潍坊等地有栽培。

主要性状 单果重30g，纵径3～3.2cm，横径4cm，扁圆形；果皮底色黄，盖色鲜红；果心中大，5心室；果肉黄白色，肉质松脆，汁液中多，味甜稍淡，有芳香；含可溶性固形物12.5%；品质中等，常温下可贮藏3～5d。

树势中庸，树姿开张，萌芽力强，成枝力中，产量较稳定。一年生枝灰褐色；叶片椭圆形或长圆形，长8.5～10.5cm，宽4.5～5.8cm，叶尖渐尖，叶基楔形；花蕾粉红色，每花序2～5朵花，平均3.5朵；雄蕊15～20枚，平均17.3枚；花冠直径3.5cm。

在山东泰安地区，果实7月中旬成熟。

特殊性状描述 不抗白粉病，大小年结果。

15. 红果子 (Hongguozi)

别名 红果、红子。

来源及分布 $2n=34$，原产山东、河北等省，在山东淄博、济南、潍坊等地有栽培。

主要性状 单果重25～30g，纵径2.5～3.0cm，横径3～3.5cm，扁圆形或近球形；果皮底色浅黄，盖色鲜红至暗红；果心小，5心室，心室微开；果肉乳白色，肉质细，汁液中多，味甜微涩，有芳香；含可溶性固形物12%；品质中上等，常温下可贮藏3～5d。

树势强，树姿开张，萌芽力强，成枝力强，产量中等而稳定。一年生枝黄褐色；叶片倒卵形或长圆形，长8.5～12.0cm，宽4.5～5.8cm，叶尖渐尖，叶基楔形；花蕾粉红色，每花序3～5朵花，平均3.8朵；雄蕊16～20枚，平均17.4枚；花冠直径3.4cm。

在山东泰安地区，果实7月中下旬成熟。

特殊性状描述 早期落叶病较重。

16. 斑 紫 (Banzi)

别名 斑果子、黑花红。

来源及分布 $2n$=34，原产山东、河北等省，分布于山东潍坊、临沂、淄博、枣庄一带。

主要性状 单果重30g，纵径3cm，横径4～4.5cm，扁圆形；果皮黄，也有绿黄、黄绿、褐、黄褐、绿色；果心中大，5心室；果肉淡黄色，肉质沙软，味甜，汁液中多，有微香；含可溶性固形物11%～12%；品质中等，常温下可贮藏2～3d。

树势中庸，树姿开张，萌芽力强，成枝力弱，产量较低。一年生枝红紫色；叶片卵圆形或椭圆形，长8.5～10.5cm，宽4.6～5.1cm，叶尖急尖，叶基楔形；花蕾粉红色，每花序3～5朵花，平均3.6朵；雄蕊16～20枚，平均17.7枚；花冠直径3.4cm。

在山东泰安地区，果实8月上旬成熟。

特殊性状描述 适应性较强，耐盐。

17. 大花红 (Dahuahong)

别名 花红、直梗花红。

来源及分布 $2n$=34，原产山东、河北等省，主要分布于山东莱芜、泰安、临沂一带。

主要性状 单果重50g，纵径4.0～4.5cm，横径5.0～5.2cm，果实近圆形；果皮绿黄色，阳面有鲜黄红晕；果心中大，5心室；果肉绿白色，肉质中粗、松脆，汁液中多，味酸甜适度，有微香；含可溶性固形物12.5%；品质中上等，常温下可贮藏3～5d。

树势中庸，树姿开张，萌芽力中，成枝力中，丰产。一年生枝紫棕色；叶片倒卵形，长9.6～12.6cm，宽4.6～5.4cm，叶尖渐尖，叶基楔形；花蕾粉红色，每花序3～5朵花，平均4.2朵；雄蕊18～20枚，平均18.7枚；花冠直径3.4cm。

在山东泰安地区，果实7月下旬成熟。

特殊性状描述 适应性强，抗腐烂病。

18. 粉果子 (Fenguozi)

别名 白果子、甜果子、伏果子（安丘）、白海棠。

来源及分布 $2n$=34，原产山东、河北等省，分布于山东淄博、潍坊等地。

主要性状 单果重50g，纵径4～4.5cm，横径5～5.5cm，果实扁圆形；果皮乳黄至灰黄色，阳面有淡红晕；果心中大，5心室；果肉乳白色，肉质细、松脆，汁液中多，味甜，有香味；含可溶性固形物12.0%；品质中等，常温下可贮藏5～7d。

树势较旺，树姿直立，萌芽力较强，成枝力中等，丰产。一年生枝灰褐色；叶片椭圆形，长9.0～10.5cm，宽5.0～5.5cm，叶尖急尖，叶基楔形；花蕾粉红色，每花序3～5朵花，平均3.8朵；雄蕊16～20枚，平均17.4枚；花冠直径3.4cm。

在山东泰安地区，果实7月上旬成熟。

特殊性状描述 适应性广，耐瘠薄，在水多的地方栽培，则果皮发青，含水量增多，甜味变淡。

19. 伏花红 (Fuhuahong)

别名 伏果子。

来源及分布 $2n$=34，原产山东、河北等省，分布于山东青岛、烟台等地。

主要性状 单果重30g，纵径3.5cm，横径4～4.5cm，果实扁圆形；果皮底色黄，阳面有淡红晕；果心中大，5心室；果肉黄白色，肉质松脆，汁液多，初采时酸味稍重，完熟后酸甜适中，有微香；含可溶性固形物13%；品质上等，常温下可贮藏3～5d。

树势较弱，树姿开张，萌芽力强，成枝力弱，丰产。一年生枝灰褐色；叶片长卵形，长8.0～10.0cm，宽4.4～5.2cm，叶尖急尖，叶基楔形；花蕾粉红色，每花序3～5朵花，平均3.8朵；雄蕊16～20枚，平均17.4枚；花冠直径3.4cm。

在山东泰安地区，果实7月中旬成熟。

特殊性状描述 适应性强，耐瘠薄。

20. 伏甜子（Futianzi）

别名　伏花红、伏沙果。

来源及分布　2*n*=34，原产山东、河北等省，分布于山东青岛、济宁等地。

主要性状　单果重35g，纵径3～3.5cm，横径4cm左右，果实扁圆形；果皮底色绿色，阳面桃红晕；果心中大，5心室；果肉黄白色，肉质松脆，汁液中多，味酸甜，微具芳香；含可溶性固形物12%～13%，品质上等，常温下可贮藏3～5d。

树势较弱，树姿开张，萌芽力强，成枝力弱，丰产。一年生枝黄褐色；叶片倒卵形，长8.2～10.2cm，宽4.6～5.1cm，叶尖急尖，叶基楔形；花蕾粉红色，每花序3～5朵花，平均3.8朵；雄蕊16～20枚，平均17.4枚；花冠直径3.4cm。

在山东泰安地区，果实7月中下旬成熟。

特殊性状描述　适应性强，耐瘠薄。

21. 小花红 (Xiaohuahong)

别名 蜜果、小白果。

来源及分布 2*n*=34，原产山东、河北等省，分布于山东泰安、临沂一带。

主要性状 单果重35g，纵径3.5～4cm，横径4～4.5cm，扁圆形或近圆形；果皮底色黄绿，盖色鲜红；果心中大，5心室；果肉淡绿黄色，肉质粗、软，汁液中多，味甜、微酸、稍涩，有香味；含可溶性固形物 11.5%；品质中等，常温下可贮藏2～3d。

树势中庸，树姿开张，萌芽力强，成枝力较弱，产量中等。一年生枝棕色；叶片椭圆形，长7.5～8.5cm，宽4.4～5.2cm，叶尖急尖，叶基楔形；花蕾粉红色，每花序2～5朵花，平均3.3朵；雄蕊16～20枚，平均17.4枚；花冠直径3.4cm。

在山东泰安地区，果实7月下旬成熟。

特殊性状描述 病毒病严重。

22. 白甜子（Baitianzi）

别名　黄甜子、秋子、直把子。

来源及分布　2n=34，原产山东、河北等省，山东省各产区均有少量分布。

主要性状　单果重30.0g，纵径3.0～3.5cm，横径3.5～4.0cm，扁圆形；果皮淡黄色，阳面偶有淡红晕；果心中大，5心室；果肉乳黄色，肉质松脆，汁液中多，味酸甜、稍涩，无香味；含可溶性固形物12.0%；品质中等，常温下可贮藏2～3d。

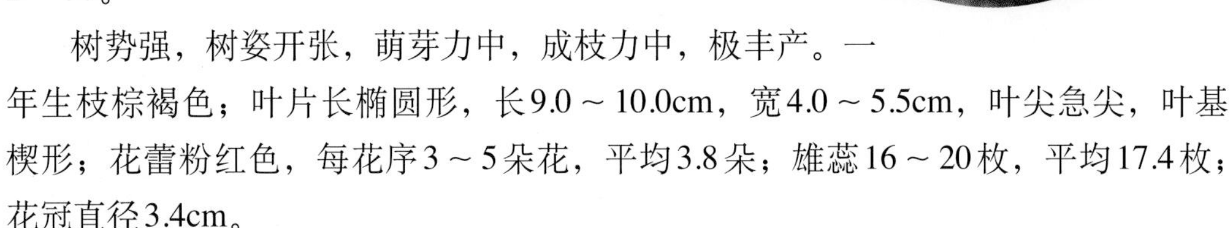

树势强，树姿开张，萌芽力中，成枝力中，极丰产。一年生枝棕褐色；叶片长椭圆形，长9.0～10.0cm，宽4.0～5.5cm，叶尖急尖，叶基楔形；花蕾粉红色，每花序3～5朵花，平均3.8朵；雄蕊16～20枚，平均17.4枚；花冠直径3.4cm。

在山东泰安地区，果实7月下旬至8月上旬成熟。

特殊性状描述　适应性强，抗腐烂病能力较差。

23. 酸果子 （Suanguozi）

来源及分布 2n=34，原产山东、河北等省，分布于山东淄博一带。

主要性状 单果重40g，纵径4.5cm左右，横径5cm左右，果实钟状扁圆形；果皮底色黄绿，盖色暗红；果心中大，5心室；果肉淡黄色，肉质脆，汁液中多，味甜酸、酸味较重，微具涩味，无香味；含可溶性固形物11.8%；品质中等，常温下可贮藏5～7d。

树势中庸，树姿半开张，萌芽力较强，成枝力弱，较丰产。一年生枝红棕色；叶片长椭圆形，长7.5～10.8cm，宽4.6～6.7cm，叶尖急尖，叶基楔形；花蕾粉红色，每花序3～5朵花，平均3.8朵；雄蕊16～20枚，平均17.4枚；花冠直径3.4cm。

在山东泰安地区，果实7月下旬至8月上旬成熟。

特殊性状描述 适应性较强。

24. 短把酸（Duanbasuan）

来源及分布 2n=34，原产山东、河北等省，主要分布于山东淄博、博山、青州等地。

主要性状 单果重28.5g，纵径 3.1cm，横径 3.7cm，扁圆形或近球形；果皮底色黄，盖色红；果心小，5心室；果肉黄白色，肉质致密，汁液中多，味初采酸味重，微涩，以后甜酸爽口，无香味；含可溶性固形物 12.0%；品质中等，常温下可贮藏5～7d。

树势强，树姿开张，萌芽力强，成枝力中等，丰产。一年生枝褐色；叶片倒卵状椭圆形，长9.4cm，宽3.9cm，叶尖渐尖，叶基楔形；花蕾粉红色，每花序5～6朵花，平均5.2朵；雄蕊16～20枚，平均18.5枚；花冠直径4.2cm。

在山东泰安地区，果实8月中旬成熟。

特殊性状描述 适应力强，果实抗风。

25. 黄槟子（Huangbinzi）

来源及分布 $2n$=34，原产山东、河北等省，主要分布于山东济南、日照、烟台等地。

主要性状 单果重50g，纵径4～4.5cm，横径5～5.5cm，扁球圆形；果皮黄色；果心中大，5心室；果肉绿白至淡黄色，肉质较粗、脆，汁液多，味甜，有香味；含可溶性固形物13.0%；品质中等，常温下可贮藏5～7d。

树势强，树姿开张，萌芽力强，成枝力强，极丰产。一年生枝紫褐色；叶片倒卵状椭圆形，长9.2cm，宽3.5cm，叶尖急尖，叶基楔形；花蕾粉红色，每花序3～5朵花，平均3.8朵；雄蕊16～20枚，平均17.4枚；花冠直径3.4cm。

在山东泰安地区，果实8月上中旬成熟。

特殊性状描述 抗腐烂病。

26. 红槟子（Hongbinzi）

来源及分布 2*n*=34，原产山东、河北等省，在山东临沂、枣庄有少量栽培。

主要性状 单果重50g，纵径5.0cm，横径4.5cm，椭圆形；果皮底色黄色，阳面有红晕；果心中大，5心室；果肉淡黄色，肉质松脆，汁液中多，味甜，有芳香；含可溶性固形物10%；品质中上等，常温下可贮藏5～7d。

树势偏弱，树姿开张，萌芽力较弱，成枝力较弱，丰产，产量中等。一年生枝紫红色；叶片椭圆形，长9.7～11.5cm，宽3.8～6.5cm，叶尖急尖，叶基楔形；花蕾粉红色，每花序3～5朵花，平均3.7朵；雄蕊17～20枚，平均18.2枚；花冠直径3.9cm。

在山东泰安地区，果实8月中下旬成熟。

特殊性状描述 抗白粉病。

27. 丛 月 （Congyue）

亲本（或引入）情况 黑龙江省农业科学院浆果研究所，以冻果为母本、龙冠为父本，杂交选育而成。

主要性状 单果重29.8g，纵径3.2cm，横径4.5cm，长圆锥形；果皮底色绿，盖色暗红；果心小，心室5个；果肉白色，肉质硬脆，汁液多，味酸，无香味；含可溶性固形物13.0%；品质中等，常温下可贮藏10～15d。

树势强，树形优美，萌芽力强，成枝力强，丰产。一年生枝灰褐色；叶片椭圆形，长6.2～8cm，宽3.8～5.0cm，叶尖渐尖或突尖，叶基楔形；花蕾绿白色，每花序3～6朵花，平均4.7朵；雄蕊16～20枚，平均18.2枚；花冠直径4.5cm。

在山东泰安地区，果实8月上旬成熟。

特殊性状描述 抗病、抗寒，适宜庭院栽培。

28. 大 秋 (Daqiu)

亲本（或引入）情况 美国育种者以初笑为母本、满洲山荆子为父本杂交选育。山东省果树研究所自黑龙江省农业科学院浆果研究所引进。

主要性状 单果重27.1g，纵径3.4cm，横径4.5cm，扁圆形；果皮底色黄色，盖色暗红；果心小，心室5个；果肉白黄色，肉质脆而致密，汁液多，味甜酸，无香味；含可溶性固形物13.2%；品质中等，常温下可贮藏7～10d。

树势中庸，树姿开张，萌芽力强，成枝力强，丰产。一年生枝紫褐色；叶片椭圆形，长6.2～8cm，宽2.8～4cm，叶尖渐尖，叶基楔形；花蕾粉红色，每花序2～6朵花，平均4.3朵；雄蕊16～20枚，平均17.6枚；花冠直径4.3cm。

在山东泰安地区，果实7月下旬至8月上旬成熟。

特殊性状描述 抗病、抗寒，适宜庭院栽培。

29. 黄太平（Huangtaiping）

别名　水红海棠。

亲本（或引入）情况　来源于我国北部的山定子实生，山东省果树研究所自黑龙江省农业科学院浆果研究所引进。

主要性状　单果重32.9g，纵径3.5cm，横径4.2cm，扁圆形；果皮底色黄色，盖色鲜红；果心小，心室5个；果肉黄色，肉质脆而致密，汁液多，风味酸甜，无香味；含可溶性固形物12.5%；品质中等，常温下可贮藏7～10d。

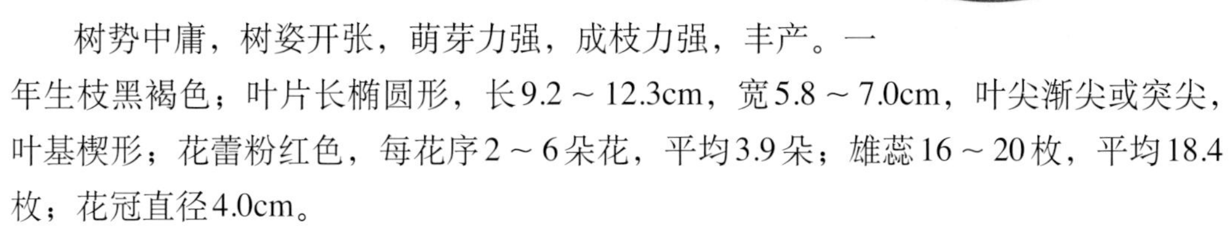

树势中庸，树姿开张，萌芽力强，成枝力强，丰产。一年生枝黑褐色；叶片长椭圆形，长9.2～12.3cm，宽5.8～7.0cm，叶尖渐尖或突尖，叶基楔形；花蕾粉红色，每花序2～6朵花，平均3.9朵；雄蕊16～20枚，平均18.4枚；花冠直径4.0cm。

在山东泰安地区，果实7月下旬成熟。

特殊性状描述　抗病、抗寒，鲜食加工兼用。

30. 铃铛果 (Lingdangguo)

亲本（或引入）情况　美国育种者选育，亲本不详。山东省果树研究所自黑龙江省农业科学院浆果研究所引进。

主要性状　单果重16.0 ~ 28.0g，纵径3.1 ~ 3.9cm，横径2.9 ~ 3.4cm，扁圆形乃至圆形；果皮底色黄色，盖色鲜红至暗红色；果心小，心室5个；果肉白黄色，肉质细脆而韧，汁液多，味酸，无香味；含可溶性固形物13.2%；品质中等，常温下可贮藏7 ~ 10d。

树势中庸，树形紧凑，萌芽力强，成枝力强，丰产。一年生枝黄色；叶片长椭圆形，长6.2 ~ 8cm，宽2.8 ~ 4cm，叶尖渐尖或突尖，叶基楔形；花蕾粉红色，每花序2 ~ 6朵花，平均3.9朵；雄蕊16 ~ 20枚，平均18.4枚；花冠直径4.0cm。

在山东泰安地区，果实7月上旬成熟。

特殊性状描述　抗病、抗寒，适宜庭院栽培。

第二节 地方品种

01. 七月鲜 (Qiyuexian)

别名 K9。

亲本（或引入）情况 由辽宁省农业科学院果树研究所选育，母本为佚名大苹果，父本为铃铛果。

主要性状 单果重65.0～85.0g，纵径3.8～4.8cm，横径4.5～5.7cm，圆锥形；果皮底色黄绿，盖色鲜红色；果心小，心室5个；果肉白色，肉质细脆，汁中多，味酸，有微香；含可溶性固形物12.0%；品质中等，常温下可贮藏3～5d。

树势强，树姿开张，萌芽力强，成枝力强，丰产。一年生枝黄褐色；叶片长椭圆形，长6.2～8cm，宽2.8～4cm，叶尖渐尖或突尖，叶基楔形；花蕾白色，每花序2～6朵花，平均3.9朵；雄蕊16～20枚，平均18.4枚；花冠直径4.5cm。

在山东泰安地区，果实8月下旬至9月上旬成熟。

特殊性状描述 抗病、抗蚜虫、抗寒。

02. 紫　香　(Zixiang)

亲本（或引入）情况　黑龙江省农业科学院浆果研究所以红海棠为母本、赤阳为父本杂交选育而成。

主要性状　单果重35.0～75.0g，纵径3.8～4.2cm，横径4.5～4.7cm，扁圆形乃至圆形；果皮底色白色，盖色紫红；果心小，心室5个；果肉白色，肉质细脆，汁液多，味酸甜，有浓香味；含可溶性固形物11.9%；品质中上等，常温下可贮藏7～10d。

树势中庸，树姿开张，萌芽力强，成枝力中等，丰产。一年生枝红褐色；叶片阔椭圆形，长9.1cm，宽5.1cm，叶尖急尖，叶基楔形；花蕾深红色，每花序3～4朵花，平均3.3朵；雄蕊16～20枚，平均18.1枚；花冠直径3.8cm。

在山东泰安地区，果实7月中旬成熟。

特殊性状描述　抗病、抗寒，适宜庭院栽培。

03. 塞外红（Saiwaihong）

别名　锦绣海棠、鸡心果。

亲本（或引入）情况　内蒙古自治区通辽市林业科学研究院选育，偶然实生，亲本不详。

主要性状　单果重58.3g，纵径5.4cm，横径4.1cm，阔圆锥形；果皮底色黄色，盖色鲜红至紫红；果心小，心室5个；果肉黄色，肉质硬脆，汁液多，味酸甜，有浓香味；含可溶性固形物16.9%；品质中上等，常温下可贮藏20～25d。

树势中庸，树姿开张，萌芽力强，成枝力中等，丰产。一年生枝红褐色；叶片椭圆形，长8.4cm，宽4.2cm，叶尖渐尖，叶基楔形；花蕾粉红色，每花序5～8朵花，平均6.4朵；雄蕊16～20枚，平均18.1枚；花冠直径3.2cm。

在山东泰安地区，果实8月中旬成熟。

特殊性状描述　抗病、抗寒，适宜庭院栽培。

04. 龙 丰 (Longfeng)

亲本（或引入）情况 黑龙江省农业科学院牡丹江农业科学研究所以金红为母本、白龙为父本，杂交选育而成。

主要性状 单果重45.1g，纵径4.2cm，横径5.1cm，扁圆形；果皮底色绿黄色，盖色紫红；果心小，心室5个；果肉白色，肉质硬脆，汁液多，味酸甜，无香味；含可溶性固形物11.9%；品质中上等，常温下可贮藏20～25d。

树势中庸，树姿开张，萌芽力强，成枝力中等，丰产。一年生枝黄色；叶片阔椭圆形，长9.5cm，宽5.4cm，叶尖急尖，叶基楔形；花蕾粉红色，每花序4～6朵花，平均4.9朵；雄蕊16～20枚，平均18.1枚；花冠直径4.5cm。

在山东泰安地区，果实8月上旬成熟。

特殊性状描述 抗病、抗寒，适宜庭院栽培。

05. 乙 女（Yinü）

亲本（或引入）情况 日本长野县松本市的富士与红玉混植园中偶然实生苗。山东省果树研究所自辽宁省农业科学院果树研究所引进。

主要性状 单果重45.0g，纵径4.5cm，横径4.5cm，圆形；果皮底色淡黄，盖色浓红；果心大，心室5个；果肉黄色或黄白色，肉质粗而硬脆，汁液多，味甜，微酸，微香；含可溶性固形物14.2%；品质中上等，常温下可贮藏20d以上。

树势中庸，树姿半开张，萌芽力强，成枝力中等，丰产。一年生枝红褐色；叶片椭圆形，长8.7cm，宽4.8cm，叶尖渐尖，叶基近圆形；花蕾粉红色，每花序3～4朵花，平均3.3朵；雄蕊16～20枚，平均18.1枚；花冠直径3.2cm。

在山东泰安地区，果实9月中旬成熟。

特殊性状描述 抗病，适宜庭院栽培。

06. 新 冠 (Xinguan)

亲本（或引入）情况 新疆生产建设兵团农七师果树研究所以金冠为母本、新冬为父本杂交选育而成。山东省果树研究所自吉林省果树研究所引进。

主要性状 单果重163.0g，纵径5.2cm，横径6.7cm，圆锥形；果皮底色黄色，盖色红色；果心小，心室5个；果肉浅黄色，肉质细脆，汁液多，味酸甜，无香味；含可溶性固形物13.9%；品质中上等，常温下可贮藏15～20d。

树势强，树姿开张，萌芽力强，成枝力中等，丰产。一年生枝黄褐色；叶片近圆形，长10.1cm，宽5.5cm，叶尖渐尖，叶基圆形；花蕾粉红色，每花序3～4朵花，平均3.3朵；雄蕊16～20枚，平均18.1枚；花冠直径3.8cm。

在山东泰安地区，果实8月中旬成熟。

特殊性状描述 抗病、抗寒。

07. 新苹1号 (Xinping1)

亲本（或引入）情况 新疆石河子农业科技开发中心以国光为母本、56193（青香蕉与铃铛果杂交后代）为父本杂交选育而成。山东省果树研究所自吉林省农业科学院果树研究所引进。

主要性状 单果重160.0g，纵径7.0cm，横径7.3cm，短圆锥形或扁圆形；果皮底色黄绿，盖色浓红条纹；果心小，心室5个；果肉白色，肉质细脆，汁液多，味酸甜，无味；含可溶性固形物13.4%；品质中上等，常温下可贮藏15～20d。

树势强，树姿开张，萌芽力强，成枝力中等，丰产。一年生枝红褐色；叶片长椭圆形，长9.8cm，宽6.5cm，叶尖急尖，叶基楔形；花蕾深红色，每花序4～6朵花，平均5朵；雄蕊16～20枚，平均18.1枚；花冠直径3.8cm。

在山东泰安地区，果实8月下旬成熟。

特殊性状描述 抗病、抗寒。

08. 新 帅 (Xinshuai)

别名　新苹2号。

亲本（或引入）情况　新疆生产建设兵团农七师奎屯农业科研所以金冠为母本、新冬为父本杂交选育而成。山东省果树研究所自吉林省农业科学院果树研究所引进。

主要性状　单果重180.0g，纵径6.7cm，横径7.2cm，圆锥形；果皮底色浅黄，盖色鲜红有条纹；果心小，心室5个；果肉浅白黄色，肉质细脆，汁液多，味酸甜，有香味；含可溶性固形物12.9%；品质中上等，常温下可贮藏20～25d。

树势强，树姿开张，萌芽力强，成枝力中等，丰产。一年生枝红褐色；叶片阔椭圆形，长9.1cm，宽5.13cm，叶尖急尖，叶基楔形；花蕾深红色，每花序3～4朵花，平均3.3朵；雄蕊16～20枚，平均18.1枚；花冠直径3.8cm。

在山东泰安地区，果实8月下旬成熟。

特殊性状描述　抗病、抗寒。

09. 寒 富 (Hanfu)

亲本（或引入）情况 沈阳农业大学以东光为母本、富士为父本杂交选育而成。

主要性状 单果重215.0g，纵径7.7cm，横径8.2cm，圆锥形；果皮底色黄色，盖色红色；果心小，心室5个；果肉浅黄色，肉质细脆，汁液多，味甜，无香味；含可溶性固形物13.9%；品质中上等，常温下可贮藏30d。

树势强，树姿开张，萌芽力弱，成枝力中等，丰产。一年生枝红褐色；叶片近圆形，长12.1cm，宽6.5cm，叶尖渐尖，叶基圆形；花蕾粉红色，每花序3～5朵花，平均3.8朵；雄蕊16～20枚，平均18.4枚；花冠直径3.5cm。

在山东泰安地区，果实10月初成熟。

特殊性状描述 抗病、抗寒。

10. 岳 艳 (Yueyan)

亲本（或引入）情况 辽宁省农业科学院果树研究所以寒富为母本、珊夏为父本杂交选育而成。

主要性状 单果重205.0g，纵径7.5cm，横径8.2cm，圆锥形；果皮底色绿黄，盖色红色；果心小，心室5个；果肉浅黄色，肉质细脆，汁液多，味酸甜，无香味；含可溶性固形物13.9%；品质中上等，常温下可贮藏15～20d。

树势强，树姿开张，萌芽率高，成枝力强，丰产。一年生枝褐色；叶片近圆形，长9.3cm，宽5.1cm，叶尖渐尖，叶基圆形；花蕾粉红色，每花序4～6朵花，平均5朵；雄蕊16～20枚，平均18.4枚；花冠直径4.6cm。

在山东泰安地区，果实8月中旬成熟。

特殊性状描述 抗腐烂病、轮纹病。

11. 岳阳红（Yueyanghong）

亲本（或引入）情况　辽宁省农业科学院果树研究所以富士为母本、东光为父本杂交选育而成。

主要性状　单果重205.0g，纵径7.6cm，横径8.2cm，圆锥形；果皮底色黄绿，盖色鲜红；果心小，心室5个；果肉浅黄色，肉质松脆，中粗，汁液多，味酸甜，微香；含可溶性固形物14.3%；品质中上等，常温下可贮藏20～25d。

树势强，树姿开张，萌芽力强，成枝力中等，丰产。一年生枝黄褐色；叶片近圆形，长8.5cm，宽5.7cm，叶尖渐尖，叶基圆形；花蕾粉红色，每花序4～6朵花，平均5.2朵；雄蕊16～20枚，平均18.1枚；花冠直径3.2cm。

在山东泰安地区，果实9月初成熟。

特殊性状描述　综合性状较好，抗病。

12. 岳 华 (Yuehua)

亲本（或引入）情况 辽宁省农业科学院果树研究所以寒富为母本、岳帅为父本杂交选育而成。

主要性状 单果重215.0g，纵径7.7cm，横径8.4cm，长圆形；果皮底色黄绿，盖色鲜红，条纹；果心小，心室5个；果肉浅黄色，肉质松脆，汁液多，味酸甜，有微香；含可溶性固形物14.5%；品质中上等，常温下可贮藏30d以上。

树势强，树姿开张，萌芽力强，成枝力中等，丰产。一年生枝黄褐色；叶片近圆形，长5.1cm，宽5.4cm，叶尖渐尖，叶基圆形；花蕾粉红色，每花序4～6朵花，平均5.0朵；雄蕊16～20枚，平均17.6枚；花冠直径4.1cm。

在山东泰安地区，果实10月初成熟。

特殊性状描述 抗轮纹病、腐烂病。

13. 岳 冠 (Yueguan)

亲本（或引入）情况 辽宁省农业科学院果树研究所以寒富为母本、岳帅为父本杂交选育而成。

主要性状 单果重220.0g，纵径7.5cm，横径8.3cm，近圆形；果皮底色黄绿，盖色红色；果心小，心室5个；果肉浅黄色，肉质松脆，汁液多，味酸甜，有微香；含可溶性固形物14.4%；品质中上等，常温下可贮藏30d以上。

树势强，树姿开张，萌芽力强，成枝力中等，丰产。一年生枝黄褐色；叶片近圆形，长9.2cm，宽5.5cm，叶尖渐尖，叶基圆形；花蕾粉红色，每花序4～6朵花，平均5朵；雄蕊16～20枚，平均18.6枚；花冠直径4.5cm。

在山东泰安地区，果实10月上旬成熟。

特殊性状描述 抗轮纹病、腐烂病。

14. 望山红 (Wangshanhong)

亲本（或引入）情况 辽宁省农业科学院果树研究所选育，亲本不详。

主要性状 单果重222.0g，纵径7.3cm，横径8.5cm，近圆形；果皮底色黄绿，盖色红色；果心小，心室5个；果肉浅黄色，肉质细脆，汁液多，味酸甜，无香味；含可溶性固形物13.6%；品质中上等，常温下可贮藏30d以上。

树势强，树姿开张，萌芽力强，成枝力强，丰产。一年生枝红褐色；叶片近圆形，长9.1cm，宽5.5cm，叶尖渐尖，叶基圆形；花蕾粉红色，每花序5～6朵花，平均5.3朵；雄蕊16～20枚，平均18.1枚；花冠直径4.1cm。

在山东泰安地区，果实10月上中旬成熟。

15. 金冠 (Jinguan)

别名　金帅、黄香蕉、黄元帅。

亲本（或引入）情况　美国发现的偶然实生苗。

主要性状　单果重200.0～280.0g，纵径7.4～8.6cm，横径8.3～8.8cm，圆锥形；果皮黄色，部分果实阳面具浅红晕；果心小，心室5个；果肉黄色，肉质松脆，汁液多，味酸甜，浓香；含可溶性固形物14.4%；品质中上等，常温下可贮藏30d以上。

树势强，树姿直立，萌芽力强，成枝力强，丰产。一年生枝暗红褐色；叶片椭圆形，长8.8～10.3cm，宽4.6～5.5cm，叶尖渐尖，叶基圆形；花蕾红色，每花序4～6朵花，平均5朵；雄蕊16～20枚，平均18.6枚；花冠直径5.5cm。

在山东泰安地区，果实9月中旬成熟。

特殊性状描述　易感炭疽叶枯病。

16. 鲁 丽 (Luli)

亲本(或引入)情况 山东省果树研究所以嘎拉为母本、藤木1号为父本杂交选育而成。

主要性状 单果重160.0g，纵径6.5cm，横径7.3cm，圆锥形；果皮底色黄绿，盖色红色；果心小，心室5个；果肉浅黄色，肉质硬脆，汁液多，味酸甜，有微香；含可溶性固形物14.4%；品质上等，常温下可贮藏15d以上。

树势中庸，树姿开张，萌芽力中等，成枝力强，丰产。一年生枝黄褐色；叶片近圆形，长10.2cm，宽5.6cm，叶尖渐尖，叶基圆形；花蕾粉红色，每花序4～6朵花，平均5朵；雄蕊16～20枚，平均17.9枚；花冠直径4.5cm。

在山东泰安地区，果实8月初成熟。

特殊性状描述 腋花芽结果能力强，抗早期落叶病。

17. 早翠绿 (Zaocuilü)

亲本（或引入）情况 山东省果树研究所以辽伏为母本、岱绿为父本杂交选育。

主要性状 单果重173.0g，纵径6.5cm，横径7.3cm，近圆形；果皮黄绿；果心小，心室5个；果肉黄白色，肉质松脆，汁液多，味甜，有微香；含可溶性固形物12.4%；品质中等，常温下可贮藏5～7d。

树势强，树姿开张，萌芽力强，成枝力强，丰产。一年生枝黄褐色；叶片近圆形，长8.2cm，宽5.5cm，叶尖渐尖，叶基圆形；花蕾粉红色，每花序4～6朵花，平均5朵；雄蕊16～20枚，平均18.1枚；花冠直径3.7cm。

在山东泰安地区，果实7月中旬成熟。

特殊性状描述 抗轮纹病、腐烂病，高抗炭疽叶枯病。

18. 岱 绿 (Dailü)

别名 无锈金帅。

亲本（或引入）情况 山东省果树研究所发现的偶然实生，亲本不详。

主要性状 单果重193.0g，纵径6.9cm，横径7.7cm，圆锥形；果皮绿白或黄色；果心小，心室5个；果肉浅黄色，肉质松脆，汁液多，味甜，有微香；含可溶性固形物13.2%；品质中上等，常温下可贮藏20d以上。

树势强，树姿半开张，萌芽中等，成枝力中等，丰产。一年生枝红褐色；叶片长椭圆形，长10.2cm，宽6.5cm，叶尖渐尖，叶基圆形；花蕾粉红色，每花序4～6朵花，平均5朵；雄蕊16～20枚，平均18.6枚；花冠直径4.0cm。

在山东泰安地区，果实9月初成熟。

特殊性状描述 易感炭疽叶枯病。

19. 玫瑰红 (Meiguihong)

别名　平阴2号。

亲本（或引入）情况　山东省果树研究所选育的元帅系短枝形芽变。

主要性状　单果重206.0g，纵径7.3cm，横径8.1cm，近圆形；果皮底色黄绿，盖色红色；果心小，心室5个；果肉浅黄色，肉质松脆，汁液多，味甜，有微香；含可溶性固形物13.4%；品质中上等，常温下可贮藏15～20d。

树势中庸，树姿直立，萌芽力强，成枝力弱，丰产。一年生枝黄褐色；叶片近圆形，长9.2cm，宽5.5cm，叶尖渐尖，叶基楔形；花蕾粉红色，每花序4～6朵花，平均5朵；雄蕊16～20枚，平均18.6枚；花冠直径4.5cm。

在山东泰安地区，果实9月上旬成熟。

特殊性状描述　抗炭疽叶枯病。

20. 华　硕（Huashuo）

亲本（或引入）情况　中国农业科学院郑州果树研究所采用美国8号为母本、华冠为父本杂交选育。

主要性状　单果重232.0g，纵径7.8cm，横径8.7cm，近圆形；果皮底色绿黄，果面着鲜红色；果心小，心室5个；果肉绿白色，肉质硬脆，汁液中多，味甜，无香味；含可溶性固形物12.6%；品质中等，常温下可贮藏7～10d。

树势强，树姿开张，萌芽率中等，成枝弱，丰产。一年生枝灰褐色；叶片近圆形，长11.2cm，宽7.5cm，叶尖渐尖，叶基圆形；花蕾粉红色，每花序4～6朵花，平均5朵；雄蕊16～20枚，平均18.1枚；花冠直径3.9cm。

在山东泰安地区，果实7月下旬成熟。

特殊性状描述　抗炭疽叶枯病。

21. 华 瑞 (Huarui)

亲本（或引入）情况 中国农业科学院郑州果树研究所采用美国8号为母本、华冠为父本杂交选育。

主要性状 单果重208.0g，纵径6.7cm，横径8.3cm，扁圆形；果皮底色绿黄，有光泽，果面着鲜红色，着色面积70%以上，个别果实全红；果心小，心室5个；果肉乳白色，肉质细，松脆，风味酸甜适口，有香味；含可溶性固形物13.2%；品质中等，常温下可贮藏7～10d。

树势强，树姿直立，萌芽力中等，成枝力强，丰产。一年生枝红褐色；叶片椭圆形，长10.2cm，宽5.9cm，叶尖渐尖，叶基圆形；花蕾粉红色，每花序6～8朵花，平均7朵；雄蕊16～20枚，平均18.1枚；花冠直径3.7cm。

在山东泰安地区，果实8月初成熟。

特殊性状描述 抗炭疽叶枯病。

22. 华 冠 （Huaguan）

亲本（或引入）情况 中国农业科学院郑州果树研究所采用金冠为母本、富士为父本杂交选育。

主要性状 单果重203.0g，纵径6.9cm，横径7.8cm，圆锥形；果皮底色黄色，盖色鲜红；果心小，心室5个；果肉黄色，肉质硬脆，汁液多，味酸甜，有微香；含可溶性固形物13.4% ；品质中上等，常温下可贮藏30d以上。

树势强，树姿直立，萌芽力强，成枝力强，丰产。一年生枝黄褐色；叶片近圆形，长10.2cm，宽6.5cm，叶尖渐尖，叶基圆形；花蕾粉红色，每花序4～6朵花，平均5朵；雄蕊16～20枚，平均18.1枚；花冠直径3.7cm。

在山东泰安地区，果实9月初成熟。

特殊性状描述 贮藏后期有异味。

23. 华 红 (Huahong)

亲本（或引入）情况　中国农业科学院果树研究所采用金冠为母本、惠为父本杂交选育。

主要性状　单果重180.0g，纵径7.2cm，横径7.3cm，长圆形；果皮底色黄绿，被鲜红色彩霞或全面鲜红色及不甚显著的断续细条纹；果心中大，心室5个；果肉黄白色，肉质细脆，汁液多，味甜，有微香；含可溶性固形物14.4%；品质中上等，常温下可贮藏30d以上。

树势强，树姿直立，萌芽力强，成枝力强，丰产。一年生枝红褐色；叶片椭圆形，长11.2cm，宽6.5cm，叶尖渐尖，叶基圆形；花蕾粉红色，每花序4～6朵花，平均5朵；雄蕊16～20枚，平均18.6枚；花冠直径3.4cm。

在山东泰安地区，果实9月下旬成熟。

特殊性状描述　抗褐斑病。

24. 红将军（Hongjiangjun）

亲本（或引入）情况 日本山形县从早生富士中选出的着色系芽变。

主要性状 单果重219.0g，纵径7.5cm，横径8.3cm，长圆形；果皮底色黄绿，被鲜红色，略带条纹；果心中大，心室5个；果肉黄白色，肉质细脆，汁液多，味甜，有微香；含可溶性固形物13.8%；品质中上等，常温下可贮藏20d以上。

树势强，树姿直立，萌芽力强，成枝力强，丰产。一年生枝红褐色；叶片椭圆形，长11.2cm，宽6.5cm，叶尖渐尖，叶基楔形；花蕾粉红色，每花序4～6朵花，平均5朵；雄蕊16～20枚，平均19.1枚；花冠直径3.7cm。

在山东泰安地区，果实9月中旬成熟。

25. 长富2号 （Changfu2）

亲本（或引入）情况 日本长野县选育。

主要性状 单果重220.0g，纵径7.6cm，横径8.4cm，近圆形；果皮底色黄白，盖色为鲜红色条纹；果心中大，心室5个；果肉黄白色，肉质细脆，汁液多，味甜，有微香；含可溶性固形物14.4%；品质上等，常温下可贮藏60d以上。

树势强，树姿直立，萌芽力强，成枝力强，丰产。一年生枝红褐色；叶片椭圆形，长11.2cm，宽6.5cm，叶尖渐尖，叶基楔形；花蕾粉红色，每花序4～6朵花，平均5朵；雄蕊16～20枚，平均18.4枚；花冠直径3.5cm。

在山东泰安地区，果实10月下旬成熟。

26. 烟富3号 （Yanfu3）

亲本（或引入）情况　山东省烟台市果树工作站从长富2号芽变中选出。

主要性状　单果重222.0g，纵径7.4cm，横径8.0cm，近圆形；果皮底色黄白，盖色为鲜红色；果心中大，心室5个；果肉黄白色，肉质细脆，汁液多，味甜，有微香；含可溶性固形物15.4%；品质上等，常温下可贮藏60d以上。

树势强，树姿直立，萌芽力强，成枝力强，丰产。一年生枝红褐色；叶片椭圆形，长10.8cm，宽6.2cm，叶尖渐尖，叶基楔形；花蕾浅红色，每花序4～6朵花，平均5朵；雄蕊16～20枚，平均17.9枚；花冠直径3.9cm。

在山东泰安地区，果实10月下旬成熟。

27. 紫 红 (Zihong)

亲本（或引入）情况 山东省果树研究所联合龙口南村果园从长富2号中选出。

主要性状 单果重210.0g，纵径7.9cm，横径8.3cm，长圆形；果皮底色黄绿，被鲜红色彩霞或全面鲜红色及不甚显著的断续细条纹；果心中大，心室5个；果肉黄白色，肉质细脆，汁液多，味甜，有微香；含可溶性固形物14.0%；品质中上等，常温下可贮藏30d以上。

树势强，树姿直立，萌芽力强，成枝力强，丰产。一年生枝红褐色；叶片椭圆形，长11.2cm，宽6.5cm，叶尖渐尖，叶基楔形；花蕾红色，每花序4～6朵花，平均5朵；雄蕊16～20枚，平均18.2枚；花冠直径3.9cm。

在山东泰安地区，果实10月中旬成熟。

28. 烟富6号（Yanfu6）

亲本（或引入）情况　山东省烟台市果树工作站从惠民短枝中选出。

主要性状　单果重232.0g，纵径7.8cm，横径8.3cm，近圆形；果皮底色黄绿，盖色鲜红；果心中大，心室5个；果肉黄白色，肉质酥脆，汁液多，味甜，有微香；含可溶性固形物14.0%；品质上等，常温下可贮藏30d以上。

树势中庸，树姿半开张，萌芽力强，成枝力弱，丰产。一年生枝褐色；叶片圆形，长11.2cm，宽6.5cm，叶尖渐尖，叶基楔形；花蕾粉红色，每花序5～6朵花，平均5.6朵；雄蕊16～20枚，平均19.3枚；花冠直径3.7cm。

在山东泰安地区，果实10月中旬成熟。

29. 沂源红 （Yiyuanhong）

亲本（或引入）情况 沂源县果树中心选育。

主要性状 单果重202.0g，纵径7.82cm，横径8.23cm，圆锥形；果皮底色黄绿，盖红色条纹；果心中大，心室5个；果肉乳黄色，肉质较粗，汁液多，味甜，有微香；含可溶性固形物14.0%；品质上等，常温下可贮藏30d以上。

树势中庸，树姿半开张，萌芽力强，成枝力弱，丰产。一年生枝红褐色；叶片长椭圆形，长9.2cm，宽5.4cm，叶尖渐尖，叶基楔形；花蕾粉红色，每花序5～6朵花，平均5.3朵；雄蕊16～20枚，平均18.8枚；花冠直径4.1cm。

在山东泰安地区，果实10月上旬成熟。

第三节　其他品种资源

其他品种资源见附表1。

第二章　梨

第一节　特异地方品种

01. 莱阳茌梨（Laiyang Chili）

来源及分布　2n=34，又名慈梨，原产山东省。在山东莱阳、栖霞等地有栽培。

主要性状　单果重233.5g，纵径8.5cm，横径7.4cm，卵圆形或纺锤形；果皮黄绿色；果心中大，5心室；果肉浅黄白色，肉质细、松脆，汁液多，味甜，有香味；含可溶性固形物13.5%；品质上等，常温下可贮藏60d。

树势强，树姿直立，萌芽力强，成枝力强，丰产。一年生枝黄褐色；叶片广卵圆形，长12.3cm，宽7.1cm，叶尖急尖，叶基圆形；花蕾白色，边缘粉红色，每花序4～5朵花，平均4.3朵；雄蕊19～21枚，平均20.2枚；花冠直径4.0cm。在山东泰安地区，果实9月下旬成熟。

特殊性状描述　果实萼片脱落或宿存，落花后掐萼可提高果实商品价值。幼果期喷施农药会形成严重果锈，影响梨果膨大和果品质量，套袋可减轻或避免这种影响。

02. 博山池梨（Boshan Chili）

来源及分布 2*n*=34，原产山东省，在山东淄博、沂源、莒县等地有栽培。

主要性状 单果重170.5g，纵径6.9cm，横径6.7cm，倒卵形；果皮黄绿色；果心中大，5心室；果肉白色，肉质细、松脆，汁液多，味甜，微酸，无香味；含可溶性固形物12.1%；品质中上等，常温下可贮藏120d。

树势强，树姿直立，萌芽力中，成枝力强，丰产。一年生枝褐色；叶片卵圆形，长11.7cm，宽8.7cm，叶尖急尖，叶基截形；花蕾白色，每花序5～7朵花，平均5.7朵；雄蕊19～21枚，平均20.0枚；花冠直径3.7cm。在山东泰安地区，果实10月上旬成熟。

特殊性状描述 贮藏性强，贮后品质尤佳。

03. 槎子梨 (Chazili)

来源及分布　2n=34，原产山东省，在山东滕州、费县、平邑等地有栽培。

主要性状　单果重195.5g，纵径7.5cm，横径7.1cm，倒卵形；果皮绿色或黄绿色；果心小，5心室；果肉白色，肉质中、松脆，汁液多，味酸甜，有微香；含可溶性固形物12.3%；品质中上等，常温下可贮藏60d。

树势中庸，树姿半开张，萌芽力中，成枝力中，丰产。一年生枝黄褐色；叶片卵圆形，长10.4cm，宽7.7cm，叶尖急尖，叶基圆形；花蕾浅粉红色，每花序5～7朵花，平均6.0朵；雄蕊18～22枚，平均20.2枚；花冠直径3.8cm。在山东泰安地区，果实9月中旬成熟。

特殊性状描述　抗食心虫能力差。

04. 恩 梨 (Enli)

来源及分布 $2n$=34，原产山东省，在山东青岛、烟台等地有栽培。

主要性状 单果重283.3g，纵径8.1cm，横径8.0cm，圆形；果皮绿色，果心小，5心室；果肉白色，肉质细、松脆，汁液多，味甜酸，有香味；含可溶性固形物11.8%；品质上等，常温下可贮藏45d。

树势强，树姿直立，萌芽力强，成枝力中，丰产。一年生枝红褐色；叶片卵圆形，长13.0cm，宽9.8cm，叶尖急尖，叶基圆形；花蕾浅粉红色，每花序5～7朵花，平均5.9朵；雄蕊19～22枚，平均20.1枚；花冠直径3.8cm。在山东泰安地区，果实9月上旬成熟。

特殊性状描述 果实耐贮性较差。对山地瘠薄土壤适应能力较差。抗病虫力弱，食心虫危害严重。

05. 窝窝梨 （Wowoli）

来源及分布 $2n$=34，原产山东省，在山东青岛崂山等地有栽培。

主要性状 单果重180.5g，纵径7.0cm，横径6.7cm，近圆形；果皮黄绿色；果心中大，5心室；果肉白色，肉质中、松脆，汁液多，味酸甜，有微香；含可溶性固形物11.4%；品质中等，常温下可贮藏60d。

树势强，树姿开张，萌芽力强，成枝力中，丰产。一年生枝红褐色；叶片卵圆形，长11.5cm，宽6.9cm，叶尖渐尖，叶基楔形；花蕾浅粉红色，每花序4～6朵花，平均4.6朵；雄蕊19～25枚，平均21.3枚；花冠直径4.1cm。在山东泰安地区，果实9月下旬成熟。

特殊性状描述 果实耐运、耐贮性一般。对恶劣环境抵抗力较强，在缺肥干旱山地仍能旺盛生长。抗病虫力较强。

06. 黄县长把梨（Huangxian Changbali）

来源及分布 $2n$=34，原产山东省，在山东蓬莱、莱州、文登、德州等地有栽培。

主要性状 单果重262.1g，纵径8.2cm，横径7.8cm，倒卵形或椭圆形；果皮绿色，果心中，5心室；果肉白色，肉质中、松脆，汁液多，味甜酸，有微香；含可溶性固形物12.5%；品质中上等，常温下可贮藏180d。

树势强，树姿开张，萌芽力强，成枝力强，丰产。一年生枝红褐色；叶片卵圆形，长12.3cm，宽8.2cm，叶尖渐尖，叶基圆形；花蕾浅粉红色，每花序5～8朵花，平均6.3朵；雄蕊19～26枚，平均21.2枚；花冠直径4.0cm。在山东泰安地区，果实9月下旬成熟。

特殊性状描述 果梗细、特长，7.0cm左右，故名长把梨；果实极耐贮藏，可贮至翌年5～6月，贮后品质转佳；抗旱力、抗寒力及抗药力较强，对肥水要求高。

07. 金坠子 (Jinzhuizi)

来源及分布 2n=34，原产山东省，在山东泰安、莱芜、宁阳等地有栽培。

主要性状 单果重310.4g，纵径9.1cm，横径8.3cm，倒卵形；果皮黄色；果心中，5心室；果肉乳白色，肉质中、松脆，汁液中，味酸甜，有微香；含可溶性固形物11.5%；品质中上等，常温下可贮藏90d。

树势中，树姿开张，萌芽力弱，成枝力弱，丰产。一年生枝黄褐色；叶片椭圆形，长12.5cm，宽7.1cm，叶尖渐尖，叶基圆形；花蕾白色，每花序5～7朵花，平均6.3朵；雄蕊19～24枚，平均20.2枚；花冠直径4.0cm。在山东泰安地区，果实9月上旬成熟。

特殊性状描述 自花结实率高，不抗梨黑星病。

08. 栖霞大香水 (Qixia Daxiangshui)

来源及分布 $2n$=34，又名南宫茌，原产山东省，在山东栖霞、莱阳等地有栽培。

主要性状 单果重236.8g，纵径7.6cm，横径7.8cm，卵圆形；果皮绿色，贮后转黄绿色或黄色；果心中，5心室；果肉白色，肉质中、松脆，汁液多，味酸甜，有香味；含可溶性固形物11.3%；品质中上等，常温下可贮藏90d。

树势中，树姿直立，萌芽力强，成枝力强，丰产。一年生枝黄褐色；叶片卵圆形，长13.7cm，宽8.9cm，叶尖渐尖，叶基圆形；花蕾浅粉红色，每花序4～6朵花，平均4.9朵；雄蕊19～20枚，平均19.8枚；花冠直径3.9cm。在山东泰安地区，果实10月上旬成熟。

特殊性状描述 适应性强，对土壤要求不严，耐涝、较耐瘠薄，抗食心虫和黑星病，稍易感染轮纹病，易出现缺硼症状。在山地和粗沙地栽植树势弱，易发生缩果病。

09. 滕州鹅梨（Tengzhou Eli）

来源及分布 $2n$=34，原产山东省，在山东滕州等地有栽培。

主要性状 单果重260.6g，纵径8.2cm，横径7.7cm，倒卵形；果皮黄绿色；果心中，5心室；果肉乳白色，肉质粗、致密，汁液多，味甜酸，有微香；含可溶性固形物11.9%；品质中等，常温下可贮藏180d。

树势中，树姿开张，萌芽力强，成枝力中，丰产。一年生枝黄褐色；叶片卵圆形，长11.5cm，宽7.2cm，叶尖渐尖，叶基宽楔形；花蕾浅粉红色，每花序6～8朵花，平均6.7朵；雄蕊21～25枚，平均22.8枚；花冠直径3.9cm。在山东泰安地区，果实9月下旬成熟。

特殊性状描述 果实极耐贮藏；梨黑星病较重。

10. 滕州花皮秋 （Tengzhou Huapiqiu）

来源及分布 $2n$=34，原产山东省，在山东滕州、枣庄、济宁等地有栽培。

主要性状 单果重172.7g，纵径6.1cm，横径6.9cm，圆形；果皮绿褐色；果心中，5心室；果肉白色，肉质中、松脆，汁液少，味淡甜，有香味；含可溶性固形物10.7%；品质中等，常温下可贮藏90d。

树势中，树姿开张，萌芽力强，成枝力弱，丰产性差。一年生枝红褐色；叶片卵圆形，长12.1cm，宽7.3cm，叶尖急尖，叶基楔形；花蕾白色，每花序5～7朵花，平均5.8朵；雄蕊14～19枚，平均16.0枚；花冠直径3.9cm。在山东泰安地区，果实9月中旬成熟。

特殊性状描述 较抗梨黑星病，但食心虫及枝干病较重。

11. 子母梨 (Zimuli)

来源及分布 2*n*=34，原产山东省，在山东平邑、费县、滕州、邹城等地有栽培。

主要性状 单果重285.4g，纵径9.1cm，横径7.8cm，卵圆形；果皮浅黄绿色；果心中，5心室；果肉乳白色，肉质中、松脆，汁液多，味甜酸，有微香；含可溶性固形物11.2%；品质中等，常温下可贮藏180d。

树势强，树姿半开张，萌芽力强，成枝力强，丰产。一年生枝浅黄绿色；叶片卵圆形，长10.6cm，宽6.8cm，叶尖急尖，叶基圆形；花蕾浅粉红色，每花序5～7朵花，平均5.5朵；雄蕊19～21枚，平均19.1枚；花冠直径3.9cm。在山东泰安地区，果实10月上旬成熟。

特殊性状描述 抗旱、耐涝、耐瘠薄，适宜山地栽植。抗梨黑星病及轮纹病的能力较差。

12. 银　梨 （Yinli）

来源及分布　$2n$=34，原产山东省，在山东聊城等地有栽培。

主要性状　单果重273.5g，纵径8.2cm，横径7.9cm，长圆形；果皮绿色或黄绿色；果心中，5心室；果肉乳白色，肉质中、松脆，汁液多，味甜，有微香；含可溶性固形物11.7%；品质中等，常温下可贮藏120d。

树势强，树姿半开张，萌芽力弱，成枝力弱，丰产。一年生枝红褐色；叶片卵圆形，长11.7cm，宽8.3cm，叶尖渐尖，叶基圆形；花蕾白色，每花序5～8朵花，平均6.8朵；雄蕊23～27枚，平均24.9枚；花冠直径4.1cm。在山东泰安地区，果实9月下旬成熟。

特殊性状描述　有大小年结果现象。抗梨黑星病。

13. 酒壶梨 (Jiuhuli)

来源及分布 $2n=34$，原产山东省，在山东泰安、济南等地有栽培。

主要性状 单果重390.4g，纵径10.9cm，横径8.6cm，长圆形；果皮绿色；果心中，5心室；果肉白色，肉质中、松脆，汁液多，味甜，无香味；含可溶性固形物10.7%；品质中等，常温下可贮藏90d。

树势强，树姿开张，萌芽力强，成枝力弱，丰产。一年生枝黄褐色；叶片卵圆形，长14.2cm，宽7.9cm，叶尖渐尖，叶基楔形；花蕾浅粉红色，每花序6～9朵花，平均6.9朵；雄蕊18～21枚，平均19.3枚；花冠直径3.9cm。在山东泰安地区，果实9月下旬成熟。

14. 胎黄梨（Taihuangli）

来源及分布 $2n$=34，原产河北省交河县，在山东德州、济南等地有栽培。

主要性状 单果重194.5g，纵径9.2cm，横径8.1cm，长圆形；果皮黄绿色；果心中，3～5心室；果肉白色，肉质中、松脆，汁液多，味甜，有微香；含可溶性固形物12.0%；品质中上等，常温下可贮藏30d。

树势中庸，树姿半开张，萌芽力强，成枝力强，丰产。一年生枝棕褐色；叶片卵圆形，长10.1cm，宽8.0cm，叶尖渐尖，叶基宽楔形；花蕾浅粉红色，每花序6～8朵花，平均7.0朵；雄蕊20～27枚，平均23.2枚；花冠直径3.9cm。在山东泰安地区，果实9月中旬成熟。

特殊性状描述 隔年结果现象明显。抗梨黑星病，但轮纹病严重。对波尔多液特别敏感。

15. 鸭 梨 (Yali)

来源及分布 2n=34，原产河北省，在山东滨州、聊城、泰安、临沂、济南等地有栽培。

主要性状 单果重160.5g，纵径7.2cm，横径6.5cm，倒卵形；果皮绿黄色；果心小，5心室；果肉白色，肉质细、松脆，汁液极多，味淡甜，有香味；含可溶性固形物11.5%；品质上等，常温下可贮藏60d。

树势中，树姿半开张，萌芽力中，成枝力强，较丰产。一年生枝黄褐色；叶片卵圆形，长13.4cm，宽8.1cm，叶尖急尖，叶基圆形；花蕾白色，每花序6～9朵花，平均7.9朵；雄蕊20～24枚，平均21.1枚；花冠直径4.2cm。在山东泰安地区，果实9月下旬成熟。

特殊性状描述 贮藏果实易黑心。

第二节　地方品种

01. 拉打秋（Ladaqiu）

来源及分布　$2n$=34，原产山东省，在山东莱阳等地有栽培。

主要性状　单果重225.0g，纵径10.6cm，横径8.3cm，倒卵形；果皮黄绿色；果心中，5心室；果肉白色，肉质粗、松脆，汁液多，味甜酸，无香味；含可溶性固形物11.6%；品质中等，常温下可贮藏180d。

树势强，树姿开张，萌芽力强，成枝力中，丰产。一年生枝灰褐色；叶片卵圆形，长12.9cm，宽8.9cm，叶尖渐尖，叶基圆形；花蕾浅粉红色，每花序7～9朵花，平均7.8朵；雄蕊27～30枚，平均28.5枚；花冠直径4.0cm。在山东泰安地区，果实10月中旬成熟。

特殊性状描述　果实极耐贮藏，经贮后品质稍好。

02. 线穗子 (Xiansuizi)

来源及分布 2*n*=34，原产山东省，在山东昌邑等地有栽培。

主要性状 单果重503.8g，纵径14.9cm，横径12.3cm，纺锤形；果皮黄绿色；果心小，5心室；果肉白色，肉质细、松脆，汁液多，味酸甜适度，无香味；含可溶性固形物11.3%；品质中等，常温下可贮藏120d。

树势强，树姿直立，萌芽力强，成枝力强，丰产。一年生枝红褐色；叶片卵圆形，长11.7cm，宽7.5cm，叶尖渐尖，叶基圆形；花蕾浅粉红色，每花序5～7朵花，平均6.2朵；雄蕊31～35枚，平均32.6枚；花冠直径4.1cm。在山东泰安地区，果实9月下旬成熟。

03. 昌邑大梨（Changyi Dali）

来源及分布　$2n=34$，原产山东省，在山东昌邑等地有栽培。

主要性状　单果重506.6g，纵径9.7cm，横径10.6cm，卵圆形；果皮绿黄色；果心中，5心室；果肉白色，肉质中、松脆，汁液多，味酸甜适度，无香味；含可溶性固形物11.3%；品质中等，常温下可贮藏120d。

树势强，树姿直立，萌芽力强，成枝力强，丰产。一年生枝褐色；叶片卵圆形，长12.1cm，宽8.7cm，叶尖渐尖，叶基圆形；花蕾粉红色，每花序6～8朵花，平均6.3朵；雄蕊33～35枚，平均33.8枚；花冠直径3.9cm。在山东泰安地区，果实9月下旬成熟。

04. 斤　梨 (Jinli)

来源及分布　$2n$=34，原产山东省，在山东临沂、郯城等地有栽培。

主要性状　单果重678.4g，纵径11.0cm，横径10.1cm，卵圆形；果皮黄绿色；果心小，5心室；果肉乳白色，肉质粗、松脆，汁液多，味甜酸，无香味；含可溶性固形物10.8%；品质中等，常温下可贮藏120d。

树势强，树姿开张，萌芽力强，成枝力强，不丰产。一年生枝灰褐色；叶片近椭圆形，长15.2cm，宽9.7cm，叶尖急尖，叶基圆形；花蕾粉红色，每花序5～7朵花，平均6.2朵；雄蕊29～33枚，平均30.0枚；花冠直径4.0cm。在山东泰安地区，果实9月中旬成熟。

特殊性状描述　大小年结果现象严重。果梗硬，不抗风。

05. 历城木梨（Licheng Muli）

来源及分布 2*n*=34，原产山东省，在山东济南历城等地有栽培。

主要性状 单果重394.1g，纵径9.1cm，横径9.3cm，圆形；果皮绿黄色；果心中，5心室；果肉白色，肉质中、松脆，汁液多，味甜，无香味；含可溶性固形物11.1%；品质中上等，常温下可贮藏90d。

树势强，树姿直立，萌芽力强，成枝力弱，丰产。一年生枝黄褐色；叶片卵圆形，长12.3cm，宽7.5cm，叶尖急尖，叶基宽楔形；花蕾白色，每花序4～7朵花，平均6.1朵；雄蕊16～21枚，平均17.3枚；花冠直径3.9cm。在山东泰安地区，果实8月下旬成熟。

06. 费县红梨（Feixian Hongli）

来源及分布　2n=34，原产山东省，在山东临沂等地有栽培。

主要性状　单果重206.7g，纵径7.2cm，横径7.3cm，长圆形；果皮红褐色；果心中，5心室；果肉白色，肉质粗、致密，汁液少，味甜，无香味；含可溶性固形物11.5%；品质中等，常温下可贮藏180d。

树势强，树姿半开张，萌芽力强，成枝力中，丰产。一年生枝黄褐色；叶片卵圆形，长11.0cm，宽7.5cm，叶尖急尖，叶基圆形；花蕾白色，每花序5～7朵花，平均6.2朵；雄蕊19～22枚，平均19.8枚；花冠直径3.8cm。在山东泰安地区，果实10月下旬成熟。

07. 马蹄黄（Matihuang）

来源及分布 2*n*=34，原产山东省，在山东泰安、莱阳、龙口、高密等地有栽培。

主要性状 单果重360.7g，纵径9.4cm，横径8.8cm，卵圆形；果皮黄绿色；果心中，5心室；果肉白色，肉质粗、松脆，汁液多，味甜，有微香；含可溶性固形物11.2%；品质中等，常温下可贮藏45d。

树势中，树姿半开张，萌芽力强，成枝力弱，丰产。一年生枝绿黄色；叶片卵圆形，长12.0cm，宽8.1cm，叶尖渐尖，叶基圆形；花蕾粉红色，每花序4～6朵花，平均4.8朵；雄蕊19～22枚，平均20.2枚；花冠直径3.8cm。在山东泰安地区，果实9月下旬成熟。

特殊性状描述 果实不耐贮藏，贮至11月中下旬后，果肉易褐变。采前落果非常严重，个别年份有裂果现象。抗病虫力弱。

08. 车头梨（Chetouli）

来源及分布　$2n$=34，原产山东省，在山东烟台等地有栽培。

主要性状　单果重174.8g，纵径6.3cm，横径7.2cm，椭圆形；果皮绿黄色；果心中，5心室；果肉乳白色，肉质粗、松脆，汁液多，味甜酸，有微香；含可溶性固形物11.0%；品质中等，常温下可贮藏90d。

树势强，树姿开张，萌芽力强，成枝力中，丰产性差。一年生枝浅褐色；叶片卵圆形，长12.7cm，宽7.6cm，叶尖渐尖，叶基宽楔形；花蕾白色，每花序5～7朵花，平均6.2朵；雄蕊19～24枚，平均20.6枚；花冠直径3.9cm。在山东泰安地区，果实8月上旬成熟。

特殊性状描述　果实贮后香味转浓，品质转好；大小年结果现象严重，果实抗风力差。

09. 四棱梨（Silengli）

来源及分布 $2n=34$，原产山东省，在山东莱阳、龙口、栖霞和滕州等地有栽培。

主要性状 单果重297.1g，纵径7.9cm，横径8.4cm，椭圆形；果皮黄绿色，贮后为淡黄色；果心中，5心室；果肉白色，肉质较细、松脆，汁液多，味甜，微酸；含可溶性固形物12.4%；品质中等，常温下可贮藏30d。

树势强，树姿开张，萌芽力中，成枝力强，丰产性强。一年生枝褐色；叶片卵圆形，长11.1cm，宽6.3cm，叶尖渐尖，叶基圆形；花蕾白色，每花序6～9朵花，平均7.2朵；雄蕊18～22枚，平均19.8枚；花冠直径4.0cm。在山东泰安地区，果实10月上旬成熟。

特殊性状描述 果面有明显的4条沟纹，贮后果肉容易变面；大小年现象严重；在土壤瘠薄、天气干旱的情况下，遇雨易裂果；抗寒力较强，花期冻害轻，病虫害较少。

10. 天宝香（Tianbaoxiang）

来源及分布 2*n*=34，原产山东省平邑县，在山东平邑、费县等地有栽培。

主要性状 单果重300.7g，纵径9.5cm，横径7.9cm，近圆形或短纺锤形；果皮绿黄色；果心中，5心室；果肉白色，肉质细、松脆，汁液中多，味甜，香味浓郁；含可溶性固形物13.0%；品质上等，常温下可贮藏90d。

树势中庸，树姿开张，萌芽力强，成枝力强，丰产。一年生枝浅褐色；叶片卵圆形，长10.4cm，宽7.6cm，叶尖急尖，叶基圆形；花蕾粉红色，每花序6～8朵花，平均6.7朵；雄蕊23～26枚，平均24.5枚；花冠直径4.0cm。在山东泰安地区，果实10月中旬成熟。

特殊性状描述 果实贮后散发出浓郁的苹果香气；易感轮纹病。

11. 黄县秋梨（Huangxian Qiuli）

来源及分布 2*n*=34，原产山东省黄县，在山东黄县、冠县等地有栽培。

主要性状 单果重170.5g，纵径7.1cm，横径6.5cm，椭圆形或圆筒形；果皮绿黄色；果心中，5心室；果肉白黄色，肉质较粗、松脆，汁液少，味淡甜；含可溶性固形物10.6%；品质中下等，常温下可贮藏90d。

树势中庸，树姿半开张，萌芽力强，成枝力中，丰产性强。一年生枝绿棕色；叶片卵圆形或椭圆形，长10.2cm，宽8.3cm，叶尖渐尖，叶基圆形；花蕾浅粉红色，每花序6～8朵花，平均7.2朵；雄蕊21～28枚，平均21.3枚；花冠直径3.9cm。在山东泰安地区，果实10月中下旬成熟。

12. 青 梨 (Qingli)

来源及分布 $2n$=34，原产山东省，在山东临沂等地有栽培。

主要性状 单果重236.7g，纵径9.0cm，横径8.1cm，倒卵形；果皮黄绿色；果心小，5心室；果肉白色，肉质致密、松脆，汁液中多，味酸甜；含可溶性固形物10.9%；品质中等，常温下可贮藏90d。

树势较弱，树姿开张，萌芽力强，成枝力弱，丰产。一年生枝绿棕色；叶片近长圆形，长10.7cm，宽8.8cm，叶尖急尖，叶基圆形；花蕾白色，每花序6～8朵花，平均6.8朵；雄蕊24～29枚，平均25.3枚；花冠直径4.1cm。在山东泰安地区，果实9月中下旬成熟。

特殊性状描述 有大小年结果现象，不抗风，熟前落果明显，易感梨黑星病。

13. 假把茌梨 (Jiaba Chili)

来源及分布 2*n*=34，原产山东省，在山东莱阳、栖霞等地有栽培。

主要性状 单果重484.9g，纵径10.7cm，横径9.7cm，广倒卵形；果皮黄绿色；果心中，5心室；果肉乳白色，肉质粗、松脆，汁液中多，味淡甜，微酸；含可溶性固形物11.0%；品质中下等，常温下可贮藏20d。

树势强，树姿开张，萌芽力强，成枝力强，较丰产。一年生枝红褐色；叶片卵圆形或椭圆形，长10.5cm，宽8.1cm，叶尖渐尖，叶基圆形或截形；花蕾浅粉红色，每花序5～7朵花，平均5.5朵；雄蕊19～21枚，平均19.1枚；花冠直径3.9cm。在山东泰安地区，果实9月下旬至10月上旬成熟。

特殊性状描述 果实品质差，极不耐贮藏；采前落果较重。

14. 凸梗梨 (Tugengli)

来源及分布 $2n$=34，原产山东省，在山东龙口、黄县等地有栽培。

主要性状 单果重175.0g，纵径6.8cm，横径6.5cm，卵圆形；果皮黄绿色；果心中，5心室；果肉白色，肉质稍粗、松脆，汁液中，味酸甜，有微香；含可溶性固形物11.2%；品质中等，常温下可贮藏150d。

树势强，树姿直立，萌芽力强，成枝力中，丰产。一年生枝黄褐色；叶片卵圆形或长卵圆形，长10.8cm，宽7.4cm，叶尖渐尖，叶基宽楔形或圆形；花蕾白色，每花序7～9朵花，平均7.8朵；雄蕊17～21枚，平均18.8枚；花冠直径3.9cm。在山东泰安地区，果实9月中下旬成熟。

特殊性状描述 果梗长短不一，连接果肉处膨大成肉质，故名凸梗梨；抗梨黑星病能力较强。

15. 滕州大白梨 （Tengzhou Dabaili）

来源及分布 2n=34，原产山东省，在山东滕州等地有栽培。

主要性状 单果重185.0g，纵径7.1cm，横径6.7cm，长圆形或椭圆形；果皮绿黄色；果心中，5心室；果肉乳白色，肉质中、松脆，汁液多，味甜，有微香；含可溶性固形物11.8%；品质中上等，常温下可贮藏30d。

树势强，树姿直立，萌芽力弱，成枝力强，丰产。一年生枝黄褐色；叶片椭圆形，长12.0cm，宽8.2cm，叶尖渐尖，叶基圆形；花蕾白色，边缘浅粉红色，每花序5～7朵花，平均5.8朵；雄蕊20～23枚，平均20.6枚；花冠直径3.8cm。在山东泰安地区，果实8月中下旬成熟。

特殊性状描述 果实不耐贮存。不抗梨黑星病、轮纹病，易遭食心虫类危害。大小年结果及熟前落果较重。

16. 滕州满山滚（Tengzhou Manshangun）

来源及分布 $2n$=34，原产山东省，在山东滕州等地有栽培。

主要性状 单果重229.9g，纵径7.9cm，横径7.5cm，卵圆形；果皮绿黄色；果心中，5心室；果肉绿白色，肉质中、致密，汁液中，味甜，有微香；含可溶性固形物10.8%；品质中上等，常温下可贮藏180d。

树势强，树姿半开张，萌芽力强，成枝力弱，丰产。一年生枝黄褐色；叶片卵圆形，长11.9cm，宽7.3cm，叶尖急尖，叶基圆形；花蕾白色，每花序5～8朵花，平均6.2朵；雄蕊21～24枚，平均22.1枚；花冠直径4.0cm。在山东泰安地区，果实9月下旬成熟。

17. 小面梨（Xiaomianli）

来源及分布 2n=34，原产山东省，在山东乐陵等地有栽培。

主要性状 单果重25.3g，纵径3.8cm，横径3.4cm，扁圆形；果皮黄棕色至灰褐色；果心中大，4或5心室；果肉绿白色，肉质粗，汁液少，味酸涩、微甜，无香味；含可溶性固形物9.6%；品质下等，常温下可贮藏120d。

树势强，树姿半开张，萌芽力中，成枝力中，较丰产。一年生枝暗绿色至红褐色；叶片卵圆形，长9.8cm，宽6.5cm，叶尖渐尖，叶基圆形；花蕾白色，每花序5～8朵花，平均6.2朵；雄蕊19～23枚，平均20.4枚；花冠直径3.9cm。在山东泰安地区，果实9月上旬成熟。

特殊性状描述 刚采收时不堪食用，需后熟20d左右，方可食用或煮食。

18. 红宵梨 (Hongxiaoli)

来源及分布　2n=34，原产山东省，在山东费县、平邑、苍山等地有栽培。

主要性状　单果重175.0g，纵径6.3cm，横径6.7cm，短圆柱形；果皮绿黄色，阳面有淡红晕；果心小，4或5心室；果肉白色，肉质细、松脆，汁液多，味酸甜，有香味；含可溶性固形物11.5%；品质中上等，常温下可贮藏120d。

树势强，树姿开张，萌芽力中，成枝力中等，丰产。一年生枝红褐色；叶片卵圆形，长11.2cm，宽8.0cm，叶尖渐尖，叶基宽楔形；花蕾白色，边缘粉红色，每花序4～7朵花，平均5.8朵；雄蕊19～22枚，平均20.4枚；花冠直径3.8cm。在山东泰安地区，果实9月中旬成熟。

特殊性状描述　丰产，叶片抗风力强，但果实大、枝硬，不抗风。

19. 金香梨 （Jinxiangli）

来源及分布 2*n*=34，原产山东省，在山东夏津、平原等地有栽培。

主要性状 单果重160.9g，纵径6.4cm，横径6.6cm，倒卵形；果皮黄绿色；果心中，5心室；果肉绿白色，肉质细、致密，汁液多，味甜，有微香；含可溶性固形物13.2%；品质上等，常温下可贮藏90d。

树势中，树姿半开张，萌芽力强，成枝力强，丰产。一年生枝黄褐色；叶片卵圆形，长11.5cm，宽6.5cm，叶尖急尖，叶基楔形；花蕾粉红色，每花序5～7朵花，平均5.8朵；雄蕊19～22枚，平均20.2枚；花冠直径3.9cm。在山东泰安地区，果实9月中旬成熟。

20. 单县黄梨（Shanxian Huangli）

来源及分布 2n=34，原产山东省，在山东单县等地有栽培。

主要性状 单果重261.9g，纵径8.1cm，横径7.6cm，倒卵形；果皮黄绿色；果心中，5心室；果肉淡黄色，肉质中、松脆，汁液多，味甜酸，有微香；含可溶性固形物11.2%；品质中等，常温下可贮藏90d。

树势强，树姿直立，萌芽力强，成枝力中，丰产。一年生枝黄褐色；叶片卵圆形，长11.4cm，宽7.6cm，叶尖渐尖，叶基圆形；花蕾白色，每花序6～8朵花，平均6.7朵；雄蕊19～22枚，平均20.2枚；花冠直径4.0cm。在山东泰安地区，果实9月下旬成熟。

21. 泰安秋白梨（Taian Qiubaili）

来源及分布　2n=34，原产山东省，在山东泰安等地有栽培。

主要性状　单果重284.2g，纵径7.9cm，横径8.0cm，卵圆形；果皮黄绿色；果心大，5心室；果肉乳白色，肉质细、松脆，汁液多，味甜，有微香；含可溶性固形物12.5%；品质中等，常温下可贮藏120d。

树势弱，树姿开张，萌芽力强，成枝力弱，丰产。一年生枝红棕色；叶片卵圆形，长10.1cm，宽6.8cm，叶尖急尖，叶基圆形；花蕾白色，边缘浅粉红色，每花序5～7朵花，平均6.1朵；雄蕊20～24枚，平均20.6枚；花冠直径3.7cm。在山东泰安地区，果实9月中下旬成熟。

特殊性状描述　大小年现象明显。

22. 莱芜梨果（Laiwu Liguo）

来源及分布 $2n$=34，原产山东省，在山东莱芜等地有栽培。

主要性状 单果重241.5g，纵径7.8cm，横径7.4cm，倒卵形；果皮黄色；果心中，4或5心室；果肉乳白色，肉质细、松脆，汁液多，味酸甜，有微香；含可溶性固形物11.8%；品质中上等，常温下可贮藏45d。

树势强，树姿半开张，萌芽力弱，成枝力弱，丰产。一年生枝黄褐色；叶片卵圆形，长12.3cm，宽6.7cm，叶尖急尖，叶基楔形；花蕾白色，边缘浅粉红色，每花序6～8朵花，平均6.7朵；雄蕊26～30枚，平均28.0枚；花冠直径4.1cm。在山东泰安地区，果实9月上中旬成熟。

特殊性状描述 果实不耐贮藏，有大小年结果现象。

23. 黄香梨 (Huangxiangli)

来源及分布　2n=34，原产山东省，在山东费县、莒南等地有栽培。

主要性状　单果重268.9g，纵径7.5cm，横径8.3cm，卵圆形；果皮黄绿色；果心中，5心室；果肉淡黄色，肉质中、松脆，汁液多，味甜酸，有微香；含可溶性固形物11.4%；品质中等，常温下可贮藏30d。

树势强，树姿开张，萌芽力强，成枝力强，丰产。一年生枝褐色；叶片卵圆形，长12.3cm，宽8.1cm，叶尖渐尖，叶基圆形；花蕾白色，边缘浅粉红色，每花序5～7朵花，平均5.3朵；雄蕊19～24枚，平均20.4枚；花冠直径4.0cm。在山东泰安地区，果实9月上旬成熟。

特殊性状描述　大小年结果现象明显。熟前落果较重，且易感梨黑星病。

24. 酸 梨 (Suanli)

来源及分布 2*n*=34，原产山东省，在山东冠县、夏津等地有栽培。

主要性状 单果重145.4g，纵径6.9cm，横径6.5cm，卵圆形；果皮绿黄色；果心中，4或5心室；果肉淡黄色，肉质中、松脆，汁液多，味酸甜，有微香；含可溶性固形物10.6%；品质中等，常温下可贮藏120d。

树势强，树姿半开张，萌芽力中，成枝力中，丰产。一年生枝灰褐色；叶片卵圆形，长11.7cm，宽8.3cm，叶尖渐尖，叶基圆形；花蕾白色，边缘浅粉红色，每花序5～8朵花，平均5.6朵；雄蕊19～22枚，平均20.1枚；花冠直径3.9cm。在山东泰安地区，果实9月中旬成熟。

特殊性状描述 果实刚采收时不堪食，需经后熟方可食用；不抗梨黑星病。

25. 五香面梨 (Wuxiang Mianli)

来源及分布 2*n*=34，原产山东省，在山东临清、阳信等地有栽培。

主要性状 单果重132.5g，纵径6.8cm，横径6.3cm，倒卵形；果皮黄色；果心中，5心室；果肉绿白色，肉质中、松脆，汁液少，味甜，有涩味，香味浓；含可溶性固形物10.9%；品质中等，常温下可贮藏20d。

树势弱，树姿开张，萌芽力强，成枝力强，丰产。一年生枝棕色；叶片卵圆形，长10.5cm，宽7.6cm，叶尖渐尖，叶基近圆形或广楔形；花蕾白色，每花序6～8朵花，平均7.2朵；雄蕊20～25枚，平均22.5枚；花冠直径4.0cm。在山东泰安地区，果实8月上旬成熟。

特殊性状描述 果实具熟前落果的特点，有大小年结果现象，极不耐贮运。抗病、耐涝、抗旱、抗寒力强。

26. 过冬面梨（Guodong Mianli）

来源及分布 2n=34，原产山东省，在山东商河、乐陵等地有栽培。

主要性状 单果重220g，纵径7.3cm，横径7.2cm，近圆形；果皮浅黄绿色；果心中，5心室；果肉白色微绿，肉质粗、松脆，汁液少，味酸甜，有香味；含可溶性固形物11.2%；品质中等，常温下可贮藏150d。

树势弱，树姿直立，萌芽力强，成枝力强，丰产性差。一年生枝深黄棕色；叶片椭圆形，长9.6cm，宽7.5cm，叶尖渐尖，叶基楔形；花蕾白色，边缘浅粉红色，每花序6～9朵花，平均7.8朵；雄蕊20～23枚，平均21.4枚；花冠直径3.8cm。在山东泰安地区，果实8月底成熟。

特殊性状描述 果实需后熟方可食，极耐贮存，贮至冬季风味转佳。隔年结果现象明显，熟前落果重。

27. 雪花梨 （Xuehuali）

来源及分布 2*n*=34，原产河北省，在山东费县、冠县、滨州等地有栽培。

主要性状 单果重391.5g，纵径9.4cm，横径8.8cm，卵圆形；果皮绿黄色；果心小，5心室；果肉白色，肉质细、松脆，汁液多，味甜，有微香；含可溶性固形物12.6%；品质上等，常温下可贮藏180d。

树势中庸，树姿直立，萌芽力强，成枝力强，丰产。一年生枝绿黄色；叶片卵圆形，长11.4cm，宽7.7cm，叶尖急尖，叶基圆形；花蕾白色，边缘浅粉红色，每花序5～7朵花，平均6.1朵；雄蕊19～24枚，平均21.3枚；花冠直径4.3cm。在山东泰安地区，果实9月下旬成熟。

特殊性状描述 适应性较强，抗旱、抗涝力强；不易感染梨黑星病，但易受食心虫危害。

28. 绵 梨 (Mianli)

来源及分布 2n=34，原产山东省，在山东平邑、费县、滕州等地有栽培。

主要性状 单果重175.9g，纵径6.8cm，横径6.9cm，圆形；果皮绿色；果心中，5心室；果肉绿白色，肉质粗、松脆，汁液少，味甜，有微香；含可溶性固形物11.2%；品质中下等，常温下可贮藏120d。

树势强，树姿开张，萌芽力强，成枝力弱，丰产。一年生枝黄褐色；叶片卵圆形，长10.8cm，宽7.6cm，叶尖急尖，叶基宽楔形；花蕾白色，边缘浅粉红色，每花序5～8朵花，平均6.7朵；雄蕊19～22枚，平均19.8枚；花冠直径3.9cm。在山东泰安地区，果实10月下旬成熟。

特殊性状描述 果实耐贮藏，经短期贮藏肉质稍变细，具浓香。对波尔多液和石硫合剂敏感，易受药害。

29. 红把甜梨 (Hongba Tianli)

来源及分布 2*n*=34，原产山东省，在山东龙口等地有栽培。

主要性状 单果重175.0g，纵径6.9cm，横径6.7cm，圆筒形或近倒卵形；果皮黄绿色；果心中，5心室；果肉淡黄白色，肉质较粗、松脆，汁液较多，味淡甜，有微香；含可溶性固形物11.3%；品质中等，常温下可贮藏120d。

树势强，树姿开张，萌芽力强，成枝力弱，丰产。一年生枝棕褐色；叶片长卵圆形，长8.9cm，宽6.7cm，叶尖渐尖或尾尖，叶基圆形或广楔形；花蕾白色，边缘浅粉红色，每花序6～8朵花，平均6.8朵；雄蕊20～24枚，平均21.5枚；花冠直径3.9cm。在山东泰安地区，果实9月上旬成熟。

特殊性状描述 自花授粉率高；抗寒，抗旱，抗黑星病。

30. 昌邑谢花甜 (Changyi Xiehuatian)

来源及分布 $2n=34$，原产山东省，在山东潍坊昌邑等地有栽培。

主要性状 单果重375.2g，纵径9.8cm，横径9.9cm，卵圆形；果皮黄绿色；果心中，5心室；果肉白色，肉质中、松脆，汁液中，味甜酸，有微香；含可溶性固形物11.4%；品质中上等，常温下可贮藏45d。

树势强，树姿开张，萌芽力强，成枝力中，丰产。一年生枝红褐色；叶片卵圆形，长12.4cm，宽7.6cm，叶尖急尖，叶基楔形；花蕾白色，边缘浅粉红色，每花序6～9朵花，平均7.5朵；雄蕊18～21枚，平均18.8枚；花冠直径4.1cm。在山东泰安地区，果实9月中下旬成熟。

特殊性状描述 熟前即可采收食用，较不耐贮藏。无大小年结果现象，适应性强，抗梨黑星病和褐斑病。

31. 甜香水梨 (Tian Xiangshuili)

来源及分布 2*n*=34，原产山东省，在山东龙口、莱阳等地有栽培。

主要性状 单果重146.0g，纵径6.6cm，横径6.4cm，短椭圆形；果皮绿黄色；果心中，5心室；果肉白色，肉质细、松脆，汁液多，味酸甜，有微香；含可溶性固形物11.6%；品质上等，常温下可贮藏180d。

树势强，树姿开张，萌芽力强，成枝力中，丰产。一年生枝棕褐色；叶片卵圆形，长12.4cm，宽7.9cm，叶尖急尖，叶基截形；花蕾白色，每花序6～9朵花，平均7.2朵；雄蕊20～23枚，平均21.4枚；花冠直径4.0cm。在山东泰安地区，果实9月中下旬成熟。

32. 麻梨子（Malizi）

来源及分布 $2n=34$，原产山东省，在山东莒县等地有栽培。

主要性状 单果重61.5g，纵径4.4cm，横径4.9cm，圆形；果皮褐色；果心大，4或5心室；果肉黄色，肉质粗，汁液少，味酸涩，无香味；含可溶性固形物12.6%；品质下等，常温下可贮藏180d。

树势强，树姿开张，萌芽力强，成枝力中，丰产。一年生枝黑褐色；叶片卵圆形，长12.1cm，宽6.4cm，叶尖渐尖，叶基圆形；花蕾白色，每花序5～7朵花，平均5.6朵；雄蕊20～24枚，平均21.2枚；花冠直径4.2cm。在山东泰安地区，果实10月上旬成熟。

33. 大马猴 (Damahou)

来源及分布 2*n*=34，原产山东省，在山东日照市五莲县等地有栽培。

主要性状 单果重246.3g，纵径8.4cm，横径8.1cm，圆形；果皮黄褐色；果心小，5心室；果肉乳白色，肉质细、松脆，汁液多，味酸甜适度，无香味；含可溶性固形物12.1%；品质中上等，常温下可贮藏60d。

树势中，树姿开张，萌芽力强，成枝力强，丰产。一年生枝棕褐色；叶片卵圆形，长11.5cm，宽6.7cm，叶尖渐尖，叶基圆形；花蕾白色，每花序5～8朵花，平均7.0朵；雄蕊19～21枚，平均20.3枚；花冠直径4.1cm。在山东泰安地区，果实9月下旬成熟。

34. 坠子梨 (Zhuizili)

来源及分布 2*n*=34，原产山东省，在山东费县、滕州等地有栽培。

主要性状 单果重293.5g，纵径8.8cm，横径8.1cm，倒卵形；果皮淡黄绿色；果心中，5心室；果肉白色，肉质中、松脆，汁液多，味酸甜，有微香；含可溶性固形物11.2%；品质中等，常温下可贮藏30d。

树势中，树姿开张，萌芽力强，成枝力中，丰产。一年生枝绿黄色；叶片卵圆形，长10.7cm，宽6.9cm，叶尖渐尖，叶基圆形；花蕾白色，边缘浅粉红色，每花序5～7朵花，平均5.8朵；雄蕊19～22枚，平均20.1枚；花冠直径3.8cm。在山东泰安地区，果实9月上中旬成熟。

35. 秋洋梨 (Alexandrine Douilland)

来源及分布 2*n*=34，原产法国，在我国山东烟台、威海、泰安等地有栽培。

主要性状 单果重260.0g，纵径8.9cm，横径6.7cm，纺锤形；果皮鲜黄绿色，阳面有红晕；果心小，5心室；果肉淡黄白色，肉质细软，汁液多，味甜，香气浓郁；含可溶性固形物14.5%；品质上等，常温下可贮藏15d。

树势中庸，树姿半开张，萌芽力强，成枝力强，丰产。一年生枝黄褐色；叶片椭圆形或倒卵形，长7.4cm，宽3.7cm，叶尖渐尖，叶基圆形；花蕾白色，每花序6～9朵花，平均7.4朵；雄蕊18～22枚，平均19.5枚；花冠直径3.7cm。在山东泰安地区，果实8月中下旬成熟。

第三节 其他品种资源

其他品种资源见附表2。

第三章　桃

第一节　特异地方品种

01. 冬雪蜜桃（Dongxue Mitao）

亲本（或引入）情况　1986年从山东青州市农户一株优良单株变异、选育而成。1990年开始在青州市推广，1992年鉴定。主要分布于青州市王府街道及周边。

主要性状　果实近圆形，稍扁，果顶平圆，顶尖小或稍凹陷；纵横径平均5.8cm × 6.1cm，平均单果重86g；梗洼深而广；缝合线宽，中深；底色淡绿微黄，阳面为玫瑰红晕，着色面1/3 ~ 1/2，果肉较硬，采收1周硬度仍达14.5kg/cm^2，果肉乳白，可溶性固形物含量19%，品质极佳。粘核或小部分离核，接近圆形，核尖较大成钝丘状突起，核翼较小，刻纹少而深，部分刻纹呈点状，种仁饱满。

树姿开张。主干、主枝暗灰紫色，表皮光滑；一年生枝褐色，阳面紫红，节间较短，平均1.8cm。叶片较小，披针形，色绿，较薄，叶缘单锯齿；蜜腺小，紫红色，2 ~ 4个不等。

幼树健旺，枝条粗壮、直立，结果后树势转中庸。嫁接3年后结始果。初果期以长果枝结果为主，5年进入盛果期，仍以中长果枝结果较多，自花结实能力强，果实具有较强的耐贮藏性。

冬雪蜜桃在山东青州为3月下旬萌芽，4月上中旬初花，果实11月上中旬成熟，11月下旬落叶。为目前山东省最晚熟的桃品种资源。

02. 香肥桃 (Xiangfeitao)

亲本（或引入）情况 肥城桃实生株系，因其香气十分浓郁，特点突出，2009年定名香肥桃。

主要性状 果实近圆形，果形端正，果尖明显。平均单果重320.8g，最大果重480.5g，果面茸毛少，果皮米黄色。果肉黄白色，初采时肉质稍硬，完熟变软，果皮不易剥离，肉质细密，汁液较多，纤维少，芳香味特浓，可溶性固形物含量15.2%以上，品质上等。粘核。无裂果现象。

树姿半开张，主干灰褐色。当年生枝阳面浅红色，背面浅绿色，皮孔小而密，圆形；一年生枝黄褐色，皮孔大且多，圆或椭圆形；多年生枝灰褐色，皮孔宽1mm，长2～5mm；老干灰白，纵裂少，相对光滑。叶片披针形，叶尖，叶基楔形，单锯齿较钝，有复锯齿，基部腺体2～3个，叶片长16.10cm，宽3.82cm。中短枝花芽多，扁圆饱满，叶芽扁。

树势中庸。萌芽率高，成枝力强，成花易。初果期以中长果枝结果为主，进入盛果期以中短果枝结果为主。花粉量大，自花授粉坐果率高，生理落果轻。嫁接后第二年开花，三年生树株产12.35kg，四年生树株产可达25.40kg。

在山东肥城市，3月25日前后花芽、叶芽膨大，4月7日前后花瓣露出，4月10～13日盛花期，8月中旬果实开始成熟。11月中旬落叶。

03. 柳叶肥桃 （Liuye Feitao）

亲本（或引入）情况 柳叶肥桃为地方传统名优肥城桃之一，因其叶片狭长，形似柳叶，故得名柳叶肥桃。

主要性状 果大，圆形微突，单果重300g，最大700g以上，缝合线过顶，深而明显，梗洼深广，果实米黄色，少数果阳面具有片状红晕，皮厚，茸毛极多，不易剥离；肉质细嫩，硬溶质，乳白色，近核处果肉微红或者暗红，汁多，酸甜适中，含糖17.49%，酸0.3%，每100g含维生素C12.78mg，可溶性固形物含量14%～20%，最高达23%，香气浓郁，品质极佳。核红褐色，表面多皱纹，粘核，果实8月下旬至9月上旬成熟。

柳叶肥桃在栽培过程中常产生一些畸形小果，群众称为“桃奴”，果实圆锥形，茸毛极多，果肉甘甜，汁液少，肉脆，并有浓郁香气；核小，无仁，只残留种仁皮。“桃奴”和大桃同生一树，原因较复杂，一般与肥水不足、冷冻、授粉不良或树龄等因素有关。

柳叶肥桃对桃蚜、桃粉蚜、叶螨等具有一定的抵抗能力，对晚霜抵抗力较弱，异地栽培时，应注意选择适宜的土壤气候条件，采用适于柳叶肥桃的修剪技术。

04. 齐鲁巨红（Qilu Juhong）

亲本（或引入）情况 山东农业大学园艺科学与工程学院选育，2009年通过山东省科学技术厅组织的成果鉴定。

主要性状 果实近圆形，平均单果重375g，最大550g；果顶圆平，略凹陷或微尖，缝合线较深，对称性好，梗洼较深；果实底色为浅黄色，盖色鲜红色，着色均匀美观；粘核，果肉白色，肉质细脆；果实中维生素C含量0.425mg/g，可溶性固形物含量14.4%，可溶性糖含量10.6%，可滴定酸含量0.22%，味甜，风味浓，品质优。

在山东平邑4 月初开花，10月下旬至11月初果实成熟，果实发育期200d左右，属山东省特色极晚熟桃品种。

05. 中华寿桃（Zhonghua Shoutao）

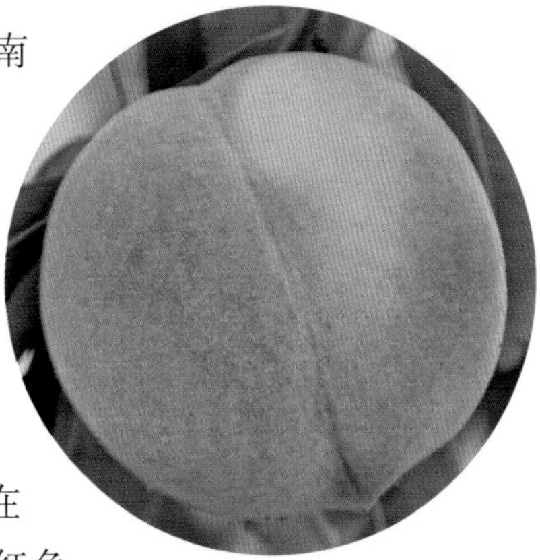

亲本（或引入）情况　别名霜红蜜、红雪桃、南墅冬桃、大圣桃等。1979年在山东栖霞寺观里镇古村桃园中发现了一颗极晚熟单株。1998年通过山东省品种委员会审定，命名为中华寿桃。在山东烟台、泰安等地有栽培。

主要性状　果实近圆形，平均单果重350g，大果重可达750g，果顶圆或微尖，缝合线明显，梗洼深而狭。果皮底色黄绿，具鲜红至紫红色，着色在2/3以上，皮稍厚且不易剥离。果肉白色，近核紫红色，肉质细韧，汁中等，味甜；粘核，核椭圆形。可溶性固形物含量18%～20%。

树势中等，成枝力强，花芽起始节位较低，复花芽为主。在胶东地区3月底芽萌动，4月中下旬开花，随后抽生新梢，1年可发生两次梢，8月底停梢，果实10月下旬成熟，果实发育期为195～200d。11月底落叶。

树姿较直立，一年生枝紫红色，叶披针形，较大，长15.30cm，宽3.57cm，叶色浓绿。花为蔷薇形，花粉多，雌蕊低于雄蕊，自花结实力强。

第二节　地方品种

01. 红里肥城桃 （Hongli Feichengtao）

亲本（或引入）情况　红里肥城桃为地方名肥城桃其中之一，别名红里大桃，栽培面积最大，历史最为悠久，有1 700多年的栽培历史。主要分布在山东肥城市，其他地区鲜有栽培。

主要性状　果大圆形，果尖微突；单果重250～300g，最大900g以上，缝合线过顶深而明显，梗洼深广；果实米黄色，少数果阳面具有片状红晕，皮厚，茸毛极多，不易剥离，肉质细嫩，硬溶，乳白色，近核处果肉微红或暗红。汁多，酸甜适中，含糖14.99%，酸0.3%，每100g含维生素C12.75mg，可溶性固形物含量14%～20%，最高可达23%，香气馥郁，品质极佳；核红褐色，表面多皱纹，粘核。

果实8月下旬至9月上旬成熟。此类桃单株坐果率高，丰产性较稳定，一般每公顷产量3.0×10^4kg，高产者达4.5×10^4kg，在现有栽培面积中，红里肥城桃栽培面积占80%以上，是深受群众欢迎的主栽品种。

特殊性状描述　易感蚜虫，抗穿孔病能力强。无其他特殊易感病虫害。

02. 白里肥城桃（Baili Feichengtao）

亲本（或引入）情况 白里肥城桃为地方名肥城桃之一，别名白里大桃，有1 700多年的栽培历史。主要分布在山东肥城市，其他地区鲜有栽培。

主要性状 白里肥城桃果形端正、美观，呈圆球形，果尖稍凸。缝合线深而明显，梗洼深广，两侧对称，成熟后果实底色米黄色（部分阳面有红晕）。果实肥大，单果重一般300g以上，最大500g；粘核，果肉乳白，肉质细嫩致密，柔软多汁，口味甘甜，芳香浓郁，风味独特，营养丰富，宜生食；近核处无红色素。平均可溶性固形物含量15.2%，白里肥城桃采收期8月底至9月中旬，果实成熟后柔软多汁，不耐贮运。

肥城桃树，树冠直立，树干灰褐色，有光泽，皮目中大，横生；一年生新梢红褐色，叶长披针形，叶色浓绿，叶缘锯齿细，雌花有无雌蕊或雌蕊败育的不正常花，部分正常花能闭花受精而结果。

在山东肥城，白里肥城桃3月下旬萌发，4月上旬初花，花期约20d。8月下旬至9月上旬果实成熟，果实生育期为130～145d。

03. 肥城桃1号 （Feichengtao1）

亲本（或引入）情况 肥城桃1号，为众多肥城桃品系中优选出的早熟肥城桃。果实成熟较传统肥城桃早，延长了肥城桃的供应时间。

主要性状 果大圆形，果顶凸；平均单果重280g，最大500g以上，缝合深广，梗洼深广；果皮米黄色，果面着鲜艳粉红色，皮厚，汁液多，香气馥郁，茸毛多，不易剥离，肉质细嫩，乳白色，近核处果肉微红或暗红。可溶性固形物含量15%以上，品质极佳；核红褐色，表面多皱纹，粘核。无裂果现象。

04. 肥桃王子 (Feitaowangzi)

亲本（或引入）情况 红里肥城桃的后代，2004年通过山东省林木品种审定委员会审定。

主要性状 果形端正，平均单果重320.8g，最大单果重480.5g，可溶性固形物含量达16.7%。果肉硬溶质，风味浓，茸毛少，耐贮运。90%以上果面呈鲜艳的紫红色。与同期成熟的红里肥城桃相比，具有个大、色艳、硬度大、耐贮运的优点。

树姿半开张，多年生枝灰褐色，一年生枝黄褐色，新梢阳面紫红色，阴面绿色。叶形披针形，叶色浓绿色，叶片大小为14.34cm×3.94cm，叶柄长0.82cm，叶脉密，叶尖渐尖，叶缘锯齿状，蜜腺2～4个，节间2.08cm，皮孔密。单花芽，结位1～2，蔷薇花形，花色深红色，花粉量多，雌蕊略高于雄蕊，雄蕊平均41.4根，双雌蕊占10%。

树势中庸，萌芽力强，成枝力强。幼树第三年结果，高接树第二年就可结果。三至五年生树以长果枝结果为主，六年生盛果期树以中、短果枝结果为主。在不配置授粉树的情况下，肥桃王子坐果率达15.4%，比红里肥城桃的坐果率高0.5%，自花结果能力强，盛花期较红里肥城桃晚2d。

在山东肥城地区，通常3月底花芽萌动，4月初盛花期，花期持续1周左右，4月中旬新梢开始第一次生长，5月中旬新梢开始第二次生长，8月底新梢停止生长。果实膨大期第一次在花后1个月内，第二次在成熟前1个月，硬核期从5月下旬至6月下旬，果实成熟期在8月下旬。

特殊性状描述 花期抗低温能力强。着色程度、耐贮运和外观质量均优于亲本，质感与其他品质指标均高于或等于肥城桃，早产稳产性和抗逆性优于肥城桃，是品质优良的北方中晚熟品种。

05. 安丘蜜桃 (Anqiu Mitao)

亲本（或引入）情况 安丘蜜桃为九月菊桃的优系。1987年定名为安丘蜜桃。主产地为山东安丘市。

主要性状 果实圆形或近圆形，果顶平或微尖；单果重180g，最大者为350g，缝合线明显，深，对称；果实底色淡黄绿，阳面浓红晕，皮厚茸毛多，易剥离；果肉淡黄色，质细，汁多，味甜，香气浓，可溶性固形物含量16%～19%，含糖14.1%，每100g含维生素C 5.8mg，品质上等，离核。

树姿开张。主干灰色。叶片大，阔披针形，叶面平展，叶尖渐尖，叶缘锯齿圆钝。

特殊性状描述 果实较耐贮运。适应性强，耐瘠薄，抗旱、抗寒能力强，抗细菌穿孔能力强。为优良晚熟品种。有裂果现象。

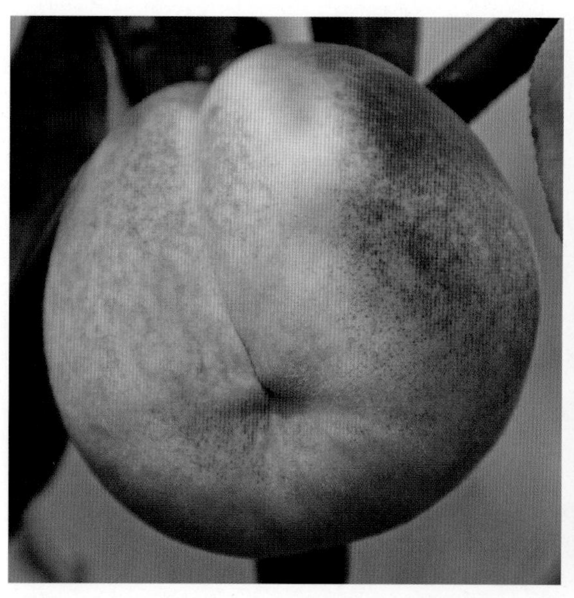

06. 梁山蜜桃（Liangshan Mitao）

亲本（或引入）情况 梁山蜜桃为山东地方品种之一，集中分布于山东济宁梁山县前集、梁山镇、马营、寿张集、杨营、徐集及小安山乡镇。

主要性状 树姿半开张。主干灰褐色，较粗糙。叶披针形，较平展，叶尖渐尖，叶基楔形，叶缘锯齿圆钝。由于长期实生繁殖，果实变样，类型繁多，大致可分为白桃、青桃和红桃3类。

果实圆或近圆形，果顶圆，钝尖或微陷，整齐；平均单果重150g左右，成熟后果皮白色，果肉白色，肉细，脆甜，有冰糖味，完熟后为溶质，有芳香。离核。适于生食和加工。9月中下旬成熟，较耐贮运。白桃是梁山蜜桃最优良的类型。

树势健壮，萌芽率和成枝率均高，花粉多，自花结实力强，各类果枝均能坐果。其中以中短果枝坐果率较高，芽苗栽后第二年始果，三年生每公顷产量即可达7.5～15t。生理落果轻，丰产。4月上旬初花，4月中旬终花，花期约为6d。9月下旬果实成熟，果实生育期为155d左右。

特殊性状描述 梁山蜜桃果大，肉细脆，甜味浓。微香，品质上等，丰产，抗病。果实较耐贮运，适宜鲜食和加工，是山东晚熟桃优良品种之一。

07. 映霜红 （Yingshuanghong）

亲本（或引入）情况 映霜红为山东青州地方品种，2010年通过山东省省级鉴定。主要分布在胶东半岛产区，及鲁中山区，栽培面积较大。

主要性状 果实圆形，果形端正。果个大，平均单果重216.5g，最大425g。果皮底色黄绿色，果面着鲜红的玫瑰红色，光彩亮丽。果顶平，果面光滑，茸毛少，梗洼浅，易有果锈。果皮厚，光滑。果肉乳白色，近核处粉红色。可溶性固形物含量18.1%，最高达26%，果肉脆甜可口，清香怡人，风味极佳。果核小，粘核。耐贮运能力强。

3月中旬叶芽萌动，花期为4月上旬，持续7d。果实10月下旬成熟，果实发育期200d。可延迟采收至11月上旬。

幼树健壮，生长势强，新梢停长晚，生长量大。树冠开张。一年生枝具有多次生长的习性。幼树以中、长枝结果为主，树势缓和后主要以中短果枝结果。自花授粉能力强。早期丰产能力强。

特殊性状描述 适应性强，抗旱能力强。无特殊易感病虫害。

08. 寒露蜜 (Hanlumi)

亲本（或引入）情况 1958年从山东省青岛市李村镇河马石村选出的优系。1980年定名。主要分布于山东青岛市崂山区，山东省内主要桃区有引种。

主要性状 果实近圆形或心脏形，果顶圆形，果尖下凹；纵径6.8cm，横径7.4cm，侧径6.4cm，平均单果重146g；缝合线浅，梗洼中广而狭深；果皮黄色，薄，不易剥离，阳面红晕带条纹，茸毛较少；果肉绿黄色，近核处为紫红色，质细，硬溶质，九成熟脆甜多汁，几乎无酸味，有香气，含可溶性固形物13%～15%，品质优。粘核，扁卵形，具浅沟纹和少量孔纹。

树冠开张。树干灰褐色。叶片倒卵披针形，先端渐尖，基部宽楔形，叶缘钝锯齿。花芽多复生，花粉中多。树势强健。嫁接苗定植后2～3年结果，幼树以中长果枝结果为主，成年树则以短果枝结果为主，中庸树坐果率较高，相邻果或并生果在采前已发生挤落现象，盛果期树平均产量为4.5×10^4kg/hm^{2}左右。

在山东青岛地区3月下旬萌动，4月下旬开花，9月下旬果实成熟。果实较耐贮运，一般室温贮藏可达10d左右。

09. 莱山蜜 （Laishanmi）

亲本（或引入）情况 山东烟台市莱山镇下曲家果园的实生单株，亲本不详。1995年通过烟台市组织的现场验收。定名莱山蜜。

主要性状 果实圆形，略高桩，果顶圆，缝合线浅；平均单果重326g，大果700g；果皮底色黄绿至乳黄，阳面红色，鲜艳；成熟时果面茸毛稀少；果肉乳白色，近核处紫红色，软溶质，可溶性固形物含量16%，甘甜多汁，成熟度稍欠时，清脆爽口；粘核，可食率96.5%。

山东烟台地区4月10日初花期，4月中旬盛花期，8月中下旬果实成熟，果实发育期130d。11月上旬落叶。

树体健壮，树姿开张。萌芽率低，成枝力强，二次枝萌发率低。多年生枝灰白色，一年生枝红褐色。幼树以中、长果枝结果为主，成龄树各类果枝均可结果。花芽起始结位低，复花芽多。花粉量大，自花授粉结实率极高。

特殊性状描述 无特殊生理病害，不落果、无裂果。

10. 青州蜜桃 (Qingzhou Mitao)

亲本（或引入）情况 青州蜜桃为山东青州最具盛名的地方品种，在青州五里镇、观音沟等乡为中心，方圆20km的山区地带为主栽区。山东省内各地也有少量引种。

主要性状 果实较小，单果重55g；圆球或扁圆球形，果顶平圆，顶尖微突偏向一方，略凹于顶部；果肩阔圆，缝合线明显，梗洼深广；底色淡绿色，有大小不均的绿色斑点，阳面有极小的淡紫红色的放射状短线，完熟后汁液多，味甜，风味稍淡，食时有纤维感。离核，核纺锤形，淡紫红色。可溶性固形物含量13%～15%，品质中上等，较丰产。

树势壮健，幼树及初果期生长旺盛，一年内多次萌发副梢，花期一般为4月上旬，10月下旬果实成熟，在室温条件下可贮存10～15d。

青州蜜桃花粉多，自花授粉受精结实能力强，极丰产，需多次疏果才能获得个大质优的果实。栽后3年始果。5年进入盛果期，以中、长果枝结果为主，骨干枝上的花束状果枝常易结出个大质优的单果。

特殊性状描述 青州蜜桃易感炭疽病、细菌性穿孔病，并易受蚜虫危害。耐贮运，是北方桃中的一个重要品种资源。果核小，种仁饱满，发芽、出苗率高，亦是优良的砧木资源。

11. 惠民蜜桃 (Huimin Mitao)

亲本（或引入）情况 惠民蜜桃为山东省滨州市惠民县地方桃种质资源，为综合性状优良的晚熟桃群体，古老品系为青粉蜜桃、红粉蜜桃，已罕见踪迹，惠民县民间通过多年栽培人工选择，选择出惠民蜜桃1号品种，1999年4月通过山东省农作物品种审定委员会审定。主要分布于山东惠民县大年陈乡及周边桃产区。

主要性状 惠民蜜桃1号，果实圆或长圆形，顶部微凹，缝合线浅而明显，果面底色黄白，覆红晕，平均单果重240g，最大750g；果肉乳白色，近核处有放射状红色条纹。硬溶质，风味甘甜，可溶性固形物含量10%～13%。粘核，耐运输，常温下可放10～13d。

在惠民县3月中旬萌动，4月上旬初花，4月10～13日盛花期，花期10d。果实8月10～20日成熟，果实发育期120d。

一年生枝光滑，阳面为红色；叶片大，长披针形，叶色浓绿，有光泽；花芽节位低，复花芽多，花粉量少。树体健壮，树姿开张，成枝力、萌芽力强，结果枝组壮。各类枝都易成花，因花粉量少，自花结实率低，仅为0.9%。

对土壤要求不严格，在本地白沙土、沙壤土、轻盐碱地上栽植，生长结果良好。抗寒、抗旱性强，但幼龄树耐涝性差，结果后耐涝性明显增强。

第三节 新品种

01. 岱妃（Daifei）

亲本（或引入）情况 岱妃桃为绿化9号芽变品种，由山东省果树研究所选育，于2015年通过山东省农作物品种审定委员会审定。主要分布在山东蒙阴县、岱岳区、费县、新泰等地。

主要性状 果实近圆形，果顶凹陷，平均单果重242.48g，最大达420g，果实茸毛中等，缝合线中浅，缝合线两半部略不对称，梗洼深广，果实底色绿白，果面全部着浅红色晕，成熟度不一致，果皮较厚，难剥离，果肉白色，硬溶质，近核处红色素少，肉质硬脆，纤维少，汁液少，风味甜，品质上乘，可溶性固形物含量12.8%，极耐贮运，货架期20d，核卵圆形，核面较粗糙，核纹中等，半离核。

在原产地蒙阴县，4月10日初花，4月12日盛花，开花整齐，花期约7d，较对照品种绿化9号花期晚3～5d。果实6月底开始着色，7月上旬可采摘，可采期为40d，果实发育期为70～110d。11月中下旬落叶。

树势中庸偏弱，树姿开张，幼树生长势旺，成型快，进入盛果期后树势较弱。一年生枝平均长50～60cm，苗木栽植后第二年开始开花结果，较母树坐果早，开花株率100%，3年后进入盛果期。幼树长中短果枝均可结果，进入盛果期后，无徒长枝，长果枝较少，以中、短果枝为主，中、短果枝均能结果，复花芽多，单花芽少，萌芽率低，成枝力较强。花粉量大，自然授粉坐果率高。

特殊性状描述 抗逆性和适应性较强，在瘠薄土壤中，春旱时，抗旱能力较突出。

02. 玉妃（Yufei）

亲本（或引入）情况　玉妃为地方实生品种，由山东省果树研究所选育，于2015年通过山东省农作物品种审定委员会审定。

主要性状　果实扁圆形，果顶凹陷，平均单果重249.27g，最大350.8g，果实茸毛少，缝合线深广，缝合线两半部略不对称，梗洼深广，果实完熟底色乳黄，果面全部着浅红色晕，成熟度一致，果皮较厚，难剥离。果肉白色，果肉有少量红色素，近核处红色素多，肉质硬脆细腻，纤维少，汁液多，风味甜，可溶性固形物含量14.2%，品质上乘，无裂果现象，核卵圆形，核面较粗糙，核纹中等，粘核。且红色素呈点状均匀分布，硬溶质，耐贮运，货架期7d。

在山东泰安地区，桃4月4日初花，4月7日盛花，开花整齐，花期6～7d，6月底果实开始着色，7月下旬成熟。可采期10d，果实发育期110d。11月中下旬落叶。幼树以中长果枝结果，成龄树各类果枝均可结果，复花芽与单花芽均等，萌芽率低，成枝力较强。花粉量大，成龄树自然授粉坐果率45.7%。

特殊性状描述　该品种抗细菌性穿孔病能力强，坐果率高，丰产性强，且果个均匀。为中熟品种的优良品种。

03. 春 雪 (Chunxue)

亲本（或引入）情况 山东省果树研究所审定品种。山东省各地均有栽培。

主要性状 果实大型，平均单果重150g，最大单果重235g，大小均匀，果实圆形，果顶平，尖圆，缝合线浅，两半部不对称；果皮中厚，不易剥离，果面茸毛短，果皮底色白色，果面浓红色，全红，色彩鲜艳；果肉白色，不溶质，肉质硬脆，纤维少，汁液多，红色素少；近核处着色，去皮硬度12kg/cm^2。风味甜，爽口，香气浓郁；粘核，核小，扁平，棕色，核纹浅；可溶性固形物含量13.6%，总糖8.65%，可滴定酸0.33%。品质上等，耐贮运，货架期长。

树性强健，树姿开张。一年生枝黄褐色，当年新梢绿色，光滑有光泽，皮孔小，数量中多。树干和多年生枝灰褐色。叶片长15.06cm，宽 4.10cm，叶柄长1.13cm，叶披针形，叶尖渐尖，叶基楔形，叶缘粗锯齿状，叶面平滑。幼龄叶片棕绿色，成熟叶片绿色。叶脉中密，叶腺肾形，蜜腺一般2～4个。花芽中大，囊状，顶端钝尖，半离生，茸毛少。花为大型，粉红色，雌雄蕊健全，花粉量多。

在正常年份，在山东泰安地区，花芽膨大期在3月中旬，3月下旬叶芽开始萌动。4月3日为初花期，4月6日为盛花期，4月10日为末花期。6月初果实开始着色。6月18日前后树冠外围果实已全部着红色，可采收上市，6月下旬果实成熟，此时树冠内外果均全红，11月中旬落叶。

春雪需冷量低，解除休眠所需低温（7℃以下）时数在500h以下，适宜温室促早熟栽培。幼树生长旺盛，新梢多次分枝，如配合2～3次夏季修剪，当年即可形成稳定的丰产树形。萌芽率和成枝力高。5月底，外围延长枝新梢生长量可达79.5cm，并抽生大量副梢。枝条成花易，绝大多数1～2次副梢都能形成花芽结果。长、中、短果枝均能结果：长果枝占58.6%，中果枝占20.7%，短果枝占20.7%。自花结实力强，自然授粉坐果率达24.3%。

04. 春　瑞（Chunrui）

亲本（或引入）情况　山东省果树研究所审定品种。2010年通过山东省林木品种审定。

主要性状　果实中大，平均单果重130.5g，最大单果重208g。大小均匀，果实近圆球形，果尖平，尖圆，缝合线浅，两半部基本对称。果皮中厚，不易剥离，果面茸毛短，底色白色，果实成熟时，果面浓红色，色彩艳丽。着色程度达95%以上。果肉白色，不溶质，红色素少，肉质硬脆，纤维少，汁液多。风味甜，爽口，香气清香。粘核，核白色，核纹浅，裂核少。可溶性固形物含量10.9%，总糖8.77%，可滴定酸0.53%。去皮硬度10.25kg/cm^2。品质上等，果实硬度大，耐贮运。室温下可贮存10d左右。

树性强健，树姿开张。一年生枝黄褐色，当年新梢绿色，光滑有光泽，皮孔小，数量中多。树干和多年生枝灰褐色。叶片长14.41cm。宽3.75cm，披针形，叶尖渐尖，叶基楔形，叶缘钝齿状，叶面平滑，幼龄叶片棕绿色，成熟叶片深绿色。叶脉中。叶腺肾形，蜜腺一般2～4个。花芽中大，囊状，顶端钝尖，半离生，茸毛少。花为大型，粉红色，雌雄蕊健全。花粉量多。

正常年份，在山东潍坊地区，花芽膨大期在3月中旬，3月下旬叶芽开始萌动，4月8日为初花期，4月11日为盛花期，4月15日末花期。4月17日新梢开始旺长。5月下旬果实开始着色。6月5～8日果实全红，并成熟。在树上可持续20d，果实不变软。11月下旬落叶。

春瑞需冷量低，解除休眠所需低温（7℃以下）时数在500h以下。幼树生长强旺，新梢多次分枝，如配合2～3次夏季修剪，当年即可形成稳定的丰产树形。进入大量结果期后，树势趋向中庸，生长稳定、新梢抽枝粗壮，萌芽率、成枝力均高。5月底外围延长枝新梢生长量可达80.1cm。并抽生大量副梢。枝条成花易，绝大多数1～2次副梢都能形成花芽结果。以中长果枝结果为主，分别占总果枝量的25.0%和68.4%。自花结实力强，自然授粉坐果率达30.3%。

05. 春明 (Chunming)

亲本（或引入）情况 春明是1988年以春蕾为母本、雨花露为父本进行杂交选育而成。由于胚发育不完全，同年进行组织培养，通过胚培养，培育出植株，移栽温室栽植。2010年通过山东省林木品种审定。

主要性状 果实大型，平均单果重144.4g。果实卵圆或圆形，端正，果顶圆，微凹，缝合线浅，两边较对称。果皮中厚，不易剥离，茸毛中密，果皮底色绿白，果实表面红色，断续条红状，着色程度达50%以上。果肉白色，汁液中多，纤维少，风味甜，香味浓。粘核，核椭圆形，裂核少。可溶性固形物含量10.8%，总糖8.96%，可滴定酸0.18%。品质上等。

树势强健，树姿开张，采用开心形整枝后，四年生树干周31cm，树高175cm，冠径410cm × 320cm。当年生枝绿色，光滑有光泽。一年生枝黄绿色，多年生枝浓红色，节间长2.38cm，树干灰褐色，皮孔白色，中密。幼龄叶片黄绿色，成熟叶片深绿色，叶披针形，叶尖急尖，叶面光滑，叶缘钝齿形，叶基楔形，叶脉中密。叶长13.43cm，宽4.05cm，叶柄长0.94cm。叶腺圆形或肾形，一般2～4个。花大型，粉红色，雌雄蕊健全，花粉量多。

正常年份在山东泰安，花芽萌动期为3月20日左右，初花期为4月3日，盛花期为4月6日，花量大，花期持续1周左右，4月10日为落花期。5月底果实开始着色，成熟期为6月5日左右。落叶期为11月中旬。

06. 春 丽 (Chunli)

亲本（或引入）情况 杂交选育，亲本为秋彤×春雪。2016年通过山东省林木品种审定。

主要性状 果实大型，平均单果重186.9g，最大单果重238.6g，大小均匀，果形扁圆、对称，果顶稍凹陷，缝合线较明显。果实梗洼较深，宽度窄。果皮底色黄白，果面深红，全面着色，色泽鲜艳，果面茸毛较少，果皮薄，较易剥离。果肉白色，不溶质，肉质较硬，纤维少，汁液中多。果皮下及果肉无花色苷，近核处有少量花色苷。去皮硬度6.90kg/cm^2。可溶性固形物含量9.93%，风味酸甜，爽口，香气浓。粘核，核小，扁平，浅褐色，核纹较深，裂核。品质上等，耐贮运，货架期长。

树体中等，树势强健，树姿开张。一年生枝黄褐色，当年新梢绿色，光滑有光泽，皮孔小，数量中多。树干和多年生枝灰褐色。

叶片绿色，椭圆披针形，横截面凹陷，顶端稍外卷，叶基楔形，叶尖急尖，叶缘细锯齿状，平均叶长14.51cm，叶宽3.63cm，叶片长宽比4.00，叶柄长0.72cm，托叶长1.02cm。叶脉中密，叶柄蜜腺2个以上，肾形。

花枝背光面花色苷无显色，花枝花色苷显色程度中深。花芽中密。花蔷薇形，萼筒内壁橙红色，花冠粉红色，花瓣5，柱头与花药等高，花粉多，子房有茸毛。

正常年份，在山东泰安地区花芽膨大期在3月中旬，3月下旬叶芽开始萌动。4月6日为初花期，4月8日为盛花期，4月15日为末花期。4月下旬幼果出现，并且新梢开始旺长。5月下旬果实开始着色，6月初树冠外围果实已全部着红色，可采收上市，6月中旬果实成熟，11月中旬落叶。

07. 夏 丽 (Xiali)

亲本（或引入）情况 杂交选育，亲本为秋彤 × 春瑞。山东省果树研究所选育，于2016年通过山东省林木品种审定。

主要性状 果实大型，平均单果重241.1g，最大单果重262.2g，纵径、横径、侧径分别为7.60cm、7.92cm、8.24cm，大小均匀，果实圆形、对称，果顶稍凹陷，缝合线浅；果实梗洼深度、宽度中等。果皮底色白，果面深红，全面着色，色泽鲜艳，果面茸毛少，果皮薄，不能剥离；果肉白色，不溶质，肉质硬脆，纤维少，汁液多。果皮下花色苷较少，果肉无花色苷，近核果肉花色苷含量较多；去皮硬度8.2kg/cm^2；可溶性固形物含量10.1%，风味淡甜，香气浓；离核，核小，卵圆形，深褐色，核纹较深。鲜食品质佳，耐贮运。

树体中等，树势强健，树姿开张。一年生枝黄褐色，当年新梢绿色，光滑有光泽，皮孔小，数量中等。树干和多年生枝灰褐色。

叶片绿色，椭圆披针形，横截面凹陷，顶端稍外卷，叶基楔形，叶尖急尖，叶缘细锯齿状，平均叶长15.61cm，叶宽4.06cm，叶片长宽比3.85，叶柄长1.06cm。叶脉中密，叶柄蜜腺大于2个，肾形。

花枝背光面花色苷无显色，花枝花色苷显色程度中等。花芽密度中密。花蔷薇形，萼筒内壁橙红色，花冠粉红色，花瓣5，柱头与花药等高，花粉多，子房有茸毛。

正常年份，在山东泰安地区花芽膨大期在3月中旬，3月下旬叶芽开始萌动。4月3日为初花期，4月5日为盛花期，4月19日为末花期。4月下旬幼果出现，并且新梢开始旺长。7月上旬果实开始着色。7月15日前后树冠外围果实已全部着红色，可采收上市，7月下旬果实成熟，11月中旬落叶。

08. 夏 红（Xiahong）

亲本（或引入）情况 山东省果树研究所选育，于2010年9月通过山东省农作物品种审定委员会审定。

主要性状 果实大型，平均单果重192.3g，最大单果重242g，大小均匀，果实圆形，果顶圆平，缝合线浅，两半部较对称。果面茸毛短，果皮底色白色，果面紫红色，全红，色彩鲜艳，果皮中厚，不易剥离。果肉白色，不溶质，肉质硬脆，纤维少，汁液中多，红色素少。近核处不着色，去皮硬度11.0kg/cm^2。风味甜，爽口，香气浓。粘核，核小，扁平，棕色，核纹浅。可溶性固形物含量12.6%。品质上等，耐贮运，货架期长。

树性强健，树姿开张。一年生枝黄褐色，当年新梢绿色，光滑有光泽，皮孔小，数量中多。树干和多年生枝灰褐色。叶片长12.05～14.06cm，宽3.17～3.39cm，叶柄长0.45～0.53cm，叶披针形，叶尖渐尖，叶基楔形，叶缘粗锯齿状，叶面平滑。幼龄叶片棕绿色，成熟叶片绿色。叶脉中密，叶腺肾形，蜜腺一般2～4个。花芽中大，囊状，顶端钝尖，半离生，茸毛少。花为大型，粉红色，雌雄蕊健全，花粉量多。

正常年份，在山东寿光地区花芽膨大期在3月中旬，3月下旬叶芽开始萌动。4月6日为初花期，4月8日为盛花期，4月15日为末花期。4月下旬幼果出现，并且新梢开始旺长。6月中旬果实开始着色。6月25日前后树冠外围果实已全部着红色，可采收上市，7月初果实成熟，此时树冠内外果均全红，11月中旬落叶。

夏红需冷量低，解除休眠所需低温（7℃以下）时数在500h左右，适宜温室设施促早栽培。幼树生长旺盛，新梢多次分枝，如配合2～3次夏季修剪，当年即可形成稳定的丰产树形。萌芽率和成枝力高。5月底，外围延长枝新梢生长量可达76.8cm，并抽生大量副梢。枝条成花易，绝大多数1～2次副梢都能形成花芽结果。长、中、短果枝均能结果，长果枝占55.3%，中果枝占25.0%，短果枝占19.7%。自花结实力强，自然授粉坐果率达35.6%

09. 夏 甜 (Xiatian)

亲本（或引入）情况 山东省果树研究所选育，于2014年通过山东省林木品种审定。

主要性状 果实大型，平均单果重225.8g，横径7.62cm，纵径7.85cm。果实圆形，缝合线浅，两半部对称，果顶凹，果尖微凸。果皮底色黄白，果面全红，有光泽；果肉白色，花青苷含量少，肉质细，硬脆，不溶质。果核较小，离核。果汁中多，风味酸甜，香气浓，可溶性固形物含量13.2%。品质上等，果实硬度大，耐贮运，货架期长。

树势强健，树姿开张。三年生树干周32.8cm，树高298cm，冠径435cm×390cm，分枝2～3次，连续摘心可形成3～4次分枝，外围新梢平均长度50.0cm。当年生枝绿色，光滑有光泽，多年生枝褐色，平均节间长2.2cm，树干褐色，皮孔中密。幼龄叶片绿色，成熟叶片深绿色，叶形宽披针形，叶尖渐尖，叶面光滑，叶缘粗锯齿状，叶基楔形，叶脉网状、中密。叶片平均长度16.51cm，叶片平均宽度3.81cm，叶柄平均长0.94cm。叶柄蜜腺肾形，一般2～6个，平均3个。花芽中大，饱满。花大型，粉红，花粉多。

在山东泰安地区，花芽萌动期为3月下旬，初花期为4月7日，盛花期为4月8日，花量大，花期持续1周左右，4月16日为落花期，4月下旬幼果出现，并进入新梢旺长期。成熟期8月上旬，落叶期11月中旬。

10. 秋 丽 (Qiuli)

亲本（或引入）情况 秋雪自然实生种。山东省果树研究所选育，于2016年通过山东省林木品种审定。

主要性状 果实大型，平均单果重256.35g，最大单果重310.50g，纵径、横径、侧径分别为7.51cm、7.59cm、7.99cm，大小均匀，果实圆形、对称，果顶平，缝合线浅。果实梗洼较浅，宽度窄。果皮底色黄白，果面红，全面着色，果面茸毛较少，果皮薄，不能剥离。果肉白色，不溶质，肉质硬脆，纤维少，汁液较多。果皮下和果肉无花色苷，近核处果肉花色苷较多。去皮硬度8.54kg/cm^2。可溶性固形物含量12.10%，风味甜酸，有香气。离核，核小，椭圆形，深褐色，核纹较深。品质上等，耐贮运，货架期长。

树体中等，树势强健，树姿开张。一年生枝黄褐色，当年新梢绿色，光滑有光泽，皮孔小，数量中多。树干和多年生枝灰褐色。

叶片绿色，长椭圆披针形，横截面凹陷，顶端稍外卷，叶基楔形，叶尖渐尖，叶缘钝锯齿状，平均叶长15.24cm，叶宽4.07cm，叶片长宽比3.74，叶柄长0.90cm。叶脉中密，叶柄蜜腺大于2个，肾形。

花枝花色苷显色深，花枝背光面花色苷不显色。花芽密度中。花蔷薇形，萼筒内壁橙红色，花冠粉红色，花瓣5，柱头与花药等高，花粉多，子房有茸毛。

正常年份，在山东泰安地区花芽膨大期在3月中旬，3月下旬叶芽开始萌动。4月6日为初花期，4月8日为盛花期，4月15日为末花期。4月下旬幼果出现，并且新梢开始旺长。8月中旬果实开始着色。8月25日前后可采收上市，9月上旬果实成熟，11月中旬落叶。

11. 秋 雪 (Qiuxue)

亲本（或引入）情况 山东省果树研究所选育，于2014年通过山东省林木品种审定。

主要性状 果实大型，平均单果重242.50g，最大单果重318.00g，平均纵径8.26cm，横径8.57cm。大小均匀，果实近圆形，果尖平，缝合线浅，两半部基本对称。果皮中厚，不易剥离，果面茸毛短，底色白色，果实成熟时，果面全面着浓红色，色泽艳丽。果肉白色，不溶质，果皮下及果肉花色苷少，近核处花色苷较多，肉质硬脆，纤维少，汁液多。风味甜，爽口，香气浓。离核，核小。可溶性固形物含量13.6%，总糖10.5%，可滴定酸0.21%。去皮硬度8.45kg/cm^2。品质上等，果实硬度较大，耐贮运。室温下可贮存10d左右。

树势强健，树姿开张，三年生树干周28.8cm，树高283cm，冠径368cm×328cm。分枝2～3次，连续摘心可形成3～4次分枝，外围新梢平均长度55.0cm。当年生枝绿色，光滑有光泽，一年生枝黄绿色，多年生枝褐色，平均节间26个，节间长2.00cm，树干褐色，皮孔中密。幼龄叶片黄绿色，成熟叶片深绿色，叶形宽披针形，叶尖渐尖，叶面光滑，叶缘细锯齿形，叶基楔形，叶脉网状，且中密。叶的平均长度15.60cm，叶的平均宽3.80cm，叶柄平均长0.60cm。叶柄蜜腺肾形，1～3个，平均2个。

在山东泰安地区，花芽萌动期为3月下旬，初花期为4月初，盛花期为4月中旬左右，花量大，花期持续1周左右，4月16日为落花期，4月下旬幼果出现，并进入新梢旺长期。成熟期8月底至9月初，落叶期11月中旬。

12. 秋 彤 (Qiutong)

亲本（或引入）情况 2014年通过山东省林木品种审定。

主要性状 果实大型，平均单果重237.20g，最大单果重350.25g，平均纵径7.65cm，横径8.19cm。大小均匀，果实近圆形，果尖平，缝合线浅，两半部基本对称。果皮中厚，不易剥离，果面茸毛短，底色黄色，果实成熟时，果面全面着浓红色，色彩艳丽。果肉白色，不溶质，花色苷少，肉质硬脆，纤维少，汁液多。风味甜，爽口，香气浓。离核，核小。可溶性固形物含量13.5%，总糖10.7%，可滴定酸0.18%，去皮硬度8.40kg/cm^2。品质上等，果实硬度大，耐贮运。室温下可贮存10d左右。

秋彤树势强健，树姿开张，三年生树干周28.4cm，树高271cm，冠径365cm×344cm，连续摘心可形成3～4次分枝，外围新梢平均长度50～60cm。当年生枝绿色，光滑有光泽，一年生枝黄绿色，多年生枝褐色，平均节间25个，平均长2.26cm，树干褐色，皮孔中密。幼龄叶片黄绿色，成熟叶片浅绿色，叶狭披针形，叶尖急尖，叶面光滑，叶缘钝锯齿形，叶基楔形，叶脉网状、中密。叶片平均长度14.81cm，叶片平均宽3.37cm，平均叶柄长0.70cm。叶腺圆形，0～3个，平均2个。花芽大型，饱满。花大型，粉红色。

在山东泰安地区，花芽萌动期为3月下旬，初花期为4月初，盛花期为4月中旬左右，花量大，花期持续1周左右，4月16日为落花期，4月下旬幼果出现，并进入新梢旺长期。成熟期9月10日左右，落叶期11月下旬。

13. 秋 甜 (Qiutian)

亲本（或引入）情况 杂交选育，亲本为秋彤×arctic snow。2016年通过山东省林木品种审定。

主要性状 果实圆形，平均单果重326.7g，最大单果重507.1g。缝合线浅，不明显，两半部较对称。果顶微凹。梗洼中广。果面全红，有光泽，茸毛短。果皮中厚，不易剥离。果肉绿白色，成熟后近核处有红色素，汁液中多。肉质细脆，不溶质，硬度大。果核小，离核。可溶性固形物含量15.5%，总糖12.3%，可滴定酸0.30%。风味甜，鲜食品质上等，耐贮运。

树体中等，树势强健，树姿开张。一年生枝黄褐色，当年新梢绿色，光滑有光泽，皮孔小，数量中。树干和多年生枝灰褐色。

叶片绿色，椭圆披针形，横截面凹陷，顶端稍外卷，叶基楔形，叶尖急尖，叶缘细锯齿状，长14.81cm，宽3.37cm，叶柄长0.70cm，叶脉中密，叶柄蜜腺大于2个，肾形。

花枝背光面花色苷无显色，花枝花色苷显色程度中等。花芽密度中等。花蔷薇形，萼筒内壁橙红色，花冠粉红色，花瓣5，柱头与花药等高，花粉多，子房有茸毛。

在山东省泰安市试验园栽培，正常年份3月中旬花芽膨大，20日开始萌芽，4月7日初花期，4月11日盛花期，4月16日末花期，4月下旬幼果出现，并且新梢开始旺长。8月中旬果实开始着色，8月下旬树冠外围果实已全部着红色，可采收上市，9月中旬果实成熟，果实发育期160d左右。11月中下旬落叶。

14. 福 泰 (Futai)

亲本（或引入）情况 福泰桃，由美国加利福尼亚州 Zaiger 育种公司育成，亲本不详，2015年通过山东省林木品种审定。

主要性状 果实圆形，中大，平均单果重253.9g。缝合线浅，不明显，两半部较对称。果顶微凹。梗洼中广。果面着红晕，茸毛短，底色黄。果皮厚度中，不易剥离。果肉黄色，成熟后近核处有红色素，汁液中多。肉质细脆，不溶质，硬度大。果核小，离核。可溶性固形物含量12.3%，总糖10.2%，可滴定酸0.71%，每100g含维生素C5.89mg。风味甜酸。鲜食和加工均可。

树势中庸，树姿半开张，新梢绿色，阳面暗红色，有光泽。一年生枝条绿色，粗0.50cm，节间长2.30cm。多年生枝条和主干棕色，表面较光滑，皮孔小。叶片绿色，宽披针形，长16.2cm，宽3.3cm，叶柄长0.71cm，叶基楔形，叶缘钝锯齿状，叶面波状，绿色。蜜腺圆形，小，2 ~ 5个。花芽大，顶端钝圆，半离生，茸毛少。花冠中大，粉红色，雌雄蕊健全，花粉量多。

在山东省泰安市试验园栽培，正常年份3月中旬花芽膨大，20日开始萌芽，4月7日初花期，4月11日盛花期，4月16日末花期，4月下旬幼果出现，并且新梢开始旺长。7月底果实开始着色，8月上旬树冠外围果实已全部着红色，可采收上市，9月下旬果实成熟，果实发育期160d左右。11月中下旬落叶。

15. 圣 女 (Shengnü)

亲本（或引入）情况 2015年通过山东省林木品种审定。

主要性状 果实圆形，大果，平均单果重312.4g，最大360.6g。缝合线浅，不明显，两半部较对称，果顶微凹，梗洼中广，果面全红，有光泽，茸毛短。果皮中厚，不易剥离，果肉黄色，成熟后近核处有红色素，汁液较多。肉质细脆，不溶质，硬度大。果核小，离核，可溶性固形物含量16.6%，总糖14.8%，可滴定酸0.51%，风味甜酸，鲜食品质上等。

树势中庸，树姿半开张，新梢绿色，阳面暗红色，有光泽。一年生枝条绿色，粗0.68cm，节间长2.63cm。多年生枝条和主干棕色，表面较光滑，皮孔小。叶片绿色，宽披针形，长15.4cm，宽3.2cm，叶柄长0.56cm，叶基楔形，叶缘钝锯齿状，叶面波状，绿色。蜜腺圆形，小，2～4个。花芽大，顶端钝圆，半离生，茸毛少。花冠中大，粉红色，雌雄蕊健全，花粉量多。

在山东省泰安市试验园栽培，正常年份3月中旬花芽膨大，20日开始萌芽，4月7日初花期，4月11日盛花期，4月16日末花期，4月下旬幼果出现，并且新梢开始旺长。7月下旬果实开始着色，8月上旬树冠外围果实已全部着红色，可采收上市，8月中旬果实成熟，果实发育期130d左右。11月中下旬落叶。

16. 泰山曙红 （Taishan Shuhong）

亲本（或引入）情况　秋雪自然实生。2014年通过山东省品种审定，获得国家发明专利（201510176727X）。

主要性状　果实圆形，中大，平均单果重156.2g，最大277.6g。果形端正，缝合线浅，不明显，两半部不对称。果顶微凹。果柄短，中粗。梗洼中广，中深。果面全红，底色绿白，果面光滑，有光泽，茸毛短。果皮中厚，不易剥离。果肉白色，完全成熟后略有红色，汁液中多。肉质细脆，不溶质，硬度大。果核小，离核。可溶性固形物含量12.1%，风味酸甜适中，鲜食品质上等。

树势中庸，树姿半开张，新梢绿色，阳面暗红色，有光泽。一年生枝条绿色，粗0.73cm，节间长2.35cm。多年生枝条和主干棕色，表面较光滑，皮孔小。叶片绿色，宽披针形，长16.9cm，宽4.1cm，叶柄长0.78cm，叶基楔形，叶缘钝锯齿状，叶面波状，绿色。蜜腺圆形，小，2～4个。花芽大，顶端钝圆，半离生，茸毛少。花冠中大，粉红色，雌雄蕊健全，花粉量多。

在山东省泰安市试验园栽培，正常年份3月中旬花芽膨大，20日开始萌芽，4月7日初花期，4月11日盛花期，4月16日末花期，4月下旬幼果出现，并且新梢开始旺长。7月上旬果实开始着色，7月中旬树冠外围果实已全部着红色，可采收上市，7月下旬果实成熟，果实生育期100d左右。11月中旬落叶。

在山东泰安、枣庄等地试栽均表现良好的适应性。特别是早实丰产性强，树冠内外果全红，耐贮，货架期长。说明该品系适应性强，在山岭薄地和平原地，均表现生长结果良好，具有早实、丰产、果实硬肉，质优耐贮等特点，适于山东桃产区栽培。

17. 斯瑞姆 （Siruimu）

亲本（或引入）情况　2015年通过山东省林木品种审定。

主要性状　果实圆形，中大，平均单果重277.9g，最大324.6g。缝合线浅，不明显，两半部较对称。果顶微凹。梗洼中广。果面全红，有光泽，茸毛短。果皮中厚，不易剥离。果肉白色，成熟后近核处有红色素，汁液中多。肉质细脆，不溶质，硬度大。果核小，粘核。可溶性固形物含量14.1%，总糖12.8%，可滴定酸0.22%。风味甜，鲜食品质上等。

树势中庸，树姿半开张，新梢绿色，阳面暗红色，有光泽。一年生枝条绿色，粗0.62cm，节间长2.27cm。多年生枝条和主干棕色，表面较光滑，皮孔小。叶片绿色，宽披针形，长17.4cm，宽3.8cm，叶柄长0.67cm，叶基楔形，叶缘钝锯齿状，叶面波状，绿色。蜜腺圆形，小，2～4个。花芽大，顶端钝圆，半离生，茸毛少。花冠中大，粉红色，雌雄蕊健全，花粉量多。

在山东省泰安市试验园栽培，正常年份3月中旬花芽膨大，20日开始萌芽，4月7日初花期，4月11日盛花期，4月16日末花期，4月下旬幼果出现，并且新梢开始旺长。7月底果实开始着色，8月上旬树冠外围果实已全部着红色，可采收上市，8月中旬果实成熟，果实发育期120d左右。11月中下旬落叶。

18. 鲁 星 (Luxing)

亲本（或引入）情况 鲁星油桃，杂交选育，亲本为秋雪 × 曙光。2014年通过山东省农作物品种审定委员会审定，2016年通过国家品种审定。

主要性状 平均单果重138.32g，纵径、横径、侧径分别为6.48cm、6.47cm、6.50cm，大小均匀，果实圆形，果顶凹陷，缝合线较浅。果实梗洼深度中等，宽度窄。果皮底色淡绿，果面深红，全面着色，色泽鲜艳，果皮薄，易剥离。果肉白色，不溶质，肉质硬脆，纤维少，汁液多。果皮下无花色苷，果肉有花色苷，近核处花色苷较少。去皮硬度7.60kg/cm^2。可溶性固形物含量12.0%，风味甜，有香气。离核，核较小，椭圆形，浅褐色，核纹较深。鲜食品质佳，耐贮运。

树体中等，树势强健，树姿开张。一年生枝黄褐色，当年新梢绿色，光滑有光泽，皮孔小，数量中多。树干和多年生枝灰褐色。

叶片绿色，椭圆披针形，横截面凹陷，顶端稍外卷，叶基楔形，叶尖急尖，叶缘细锯齿状，平均叶长13.33cm，叶宽3.91cm，叶片长宽比3.40，叶柄长0.75cm，托叶长0.93cm。叶脉中密，叶柄蜜腺2个，肾形。

花枝背光面花色苷无显色，花枝花色苷显色程度中等。花芽中密。花蔷薇形，萼筒内壁绿黄色，花冠粉红色，花瓣5，柱头与花药等高，花粉多，子房无茸毛。

正常年份，山东泰安地区花芽膨大期在3月中旬，3月下旬叶芽开始萌动。4月6日为初花期，4月8日为盛花期，4月15日为末花期。4月下旬幼果出现，并且新梢开始旺长。5月底果实开始着色，6月10日前后树冠外围果实已全部着红色，可采收上市，6月下旬果实成熟，11月中旬落叶。

19. 超 红 (Chaohong)

亲本（或引入）情况 山东省果树研究所从引进美国的White Lady的自然杂交实生种中选出。2005年通过山东省林木品种委员会审定。

主要性状 果实大型，平均单果重220g，最大340g；果形圆或近圆形，端正，缝合线明显，两半部对称，果顶稍凹，果尖微凸；果皮着色全面浓红，树冠内膛的果实着色度也很高，着色面为100%；果皮茸毛少、极短，果面光滑、有光泽；果肉纯白色，完全成熟时，近表层有红色素沉淀；肉质细脆，不溶质、硬度大，采收时平均硬度9.5kg/cm^2；果汁中多，可溶性固形物含量平均13.2%，最高14.8%，风味甘甜爽口、有香味，鲜食品质极佳。果实极耐贮运，货架期一般10～15d。

在正常年份，山东泰安地区花芽膨大期在3月中旬，3月下旬叶芽开始萌动。4月2日为初花期，4月5日为盛花期，4月9日为末花期。5月底果实开始着色，6月上旬树冠外围果实已全部着红色，可采收上市，6月中旬果实成熟，11月中旬落叶。

幼树生长较旺，树势健壮，树冠半开张。枝中粗，萌芽率、成枝力均强，因此重视夏季修剪，能迅速形成稳定的丰产树体结构。极易形成花芽，开花坐果率高，无需配置授粉树，自花结实。

20. 早 红 (Zaohong)

主要性状 果实近圆形，果型中大，平均单果重138.2g，最大277.3g；果形端正，缝合线明显，两半部对称果尖微凸，在设施栽培条件下果尖突出明显；果柄短、中粗，梗洼中广、较深；果面全红，树冠内膛与外围果实全红；果皮茸毛短，果面光滑、有光泽；果肉早期白色，近核处浅绿色，完全成熟后红色，汁液浓红色；肉质细脆，不溶质、硬度大，采收时平均硬度10.55kg/cm^2；果核小，粘核；果汁中多，可溶性固形物含量平均12.1%，最高13.2%，总糖10.84%，风味甘甜爽口，鲜食品质极佳。

在日光温室条件下栽培生产，早红果实发育期延长，单果重显著增加，果实品质提高，平均单果重153.46g，最大单果重达288.3g；可溶性固形物含量平均12.3%，最高13.6%，脆甜爽口，品质佳。

早红桃树势较强，树姿半开张。新梢阳面深红色，阴面绿色，有光泽，一年生枝条棕红色，节间长 2.2cm；多年生枝条和主干浅棕色，表面粗糙，皮孔大；叶片深绿色，细长形，长10.2cm，宽3.4cm，叶柄长0.9cm，叶缘锯齿小，钝尖；花芽大，顶端钝圆，半离生；花冠大型，花瓣浅红色。枝条类型为长中短枝比例为：45.84%、35.5%、17.66%。

在山东泰安露地栽培，正常年份3月中旬花芽开始膨大，4月5～7日为初花期，4月7～10日为盛花期，4月10～12日为末花期。4月中下旬出现幼果，新梢开始生长，5月下旬果实开始着色，6月5～10日果实成熟，果实生育期55～60d，11月上中旬开始落叶。

该品种适应性强，在平原地和旱薄山岭地，均表现生长结果良好，具有早实、丰产、果大红艳、质优耐贮等特色，适宜在我国广大桃产区栽培。

需冷量300～350h。既适合露地栽培，更适于设施促成栽培。

21. 脆 红 （Cuihong）

亲本（或引入）情况 该品种为White Lady的自然杂交实生种。2009年通过山东省农作物品种审定委员会审定。

主要性状 果实近圆形，果型中大，平均单果重138.2g，最大277.3g；果形端正，缝合线明显，两半部对称，果顶稍凹，果尖微凸，设施栽培果尖突出明显；果柄短、中粗，梗洼中广、较深；果面全红，树冠内膛与外围果实全红；果皮茸毛短，果面光滑、有光泽；果肉早期白色，近核处浅绿色，完全成熟后红色，汁液浓红色；肉质细脆，不溶质、硬度大，采收时平均硬度10.55kg/cm^2；果核小，粘核；果汁中多，可溶性固形物含量平均12.1%，最高13.2%，总糖10.84%，风味甘甜爽口，鲜食品质极佳。

在简易日光温室条件下栽培生产，果实发育期加长，单果重增加，平均达153.46g，最大单果重达288.3g；可溶性固形物含量平均12.3%，最高13.6%，甘甜爽口，品质极佳。

幼树生长旺盛，进入大量结果以后，树势趋向中庸；树体干性较弱，树冠半开张；枝条中粗，萌芽率、成枝力均高，对外围延长枝进行中短截，枝条萌芽率为27.03%，平均成枝力为6.88个，显著高于超红。

在山东泰安露地栽培，正常年份3月中旬花芽开始膨大，4月5～7日为初花期，4月7～10日为盛花期，4月10～12日为末花期。4月中下旬出现幼果，新梢开始生长，5月下旬果实开始着色，6月5～10日果实成熟，果实生育期55～60d，比超红提早成熟10～15d，比母本White Lady提早成熟50多d。11月上旬开始落叶。

该品种适应性强，在平原地和旱薄山岭地，均表现生长结果良好，具有早实、丰产、果大红艳、质优耐贮等特色，适宜在我国广大桃产区栽培。

22. 紫 月（Ziyue）

亲本（或引入）情况 该品种是山东潍坊市农业科学院果树研究所以燕蟠为母本、AT163为父本，通过杂交选育的早熟甜油蟠桃新品种。2012年通过山东省农作物品种审定委员会审定。

主要性状 果实扁平形，果顶凹入，两侧较对称；平均单果重85g，最大单果重155g；果皮底色白，90%以上果面着鲜红色至紫红色，色泽艳丽，果面光滑；果肉白色，质地细脆，纤维中等，果核极小，粘核，可食率为95.1%，成熟期去皮硬度10.6kg/cm^2，可溶性固形物含量14.2%，风味甜，有香气，采后常温可存放7d以上。基本不裂果、不流胶。自花结实，花粉量大。

在山东潍坊地区6月中下旬成熟，果实发育期68d左右。

潍坊市农业科学院 韩霞（摄）

23. 新 月 (Xinyue)

亲本（或引入）情况 该品种是山东潍坊市农业科学院果树研究所以燕蟠为母本、AT163为父本，通过杂交选育的早熟甜油蟠桃新品种。2012年通过山东省农作物品种审定委员会审定。

主要性状 果实扁平形，果顶凹入，两侧对称；平均单果重112g；果皮底色白色，90%以上果面着鲜红色，着色鲜艳，树膛内部果实仍着色良好，果面光滑；果肉白色，质地细脆，纤维中等，果核极小，粘核，可食率为95.8%，成熟期去皮硬度13.7kg/cm^2，可溶性固形物含量14.4%，风味甜，香气浓郁，采后常温存放10d以上，树上成熟后可挂果10d不软果、不烂顶。不裂果，基本不流胶。自花结实，花粉量大。

在山东潍坊地区6月下旬成熟，果实发育期74d左右。

潍坊市农业科学院 韩霞（摄）

24. 美 月 (Meiyue)

亲本（或引入）情况 该品种是山东潍坊市农业科学院果树研究所以燕蟠为母本、AT163为父本，通过杂交选育的油蟠桃新品种。2012年通过山东省农作物品种审定委员会审定。

主要性状 果实扁平形，果形圆整，果顶凹入，两侧对称；平均单果重147g，最大果重230g；果皮底色白色，全面着鲜红色，色泽艳丽，果面光滑，果皮厚度中等，不易剥离；果肉白色，质地细脆，纤维中等，果核极小，离核，可食率为96.2%，成熟期去皮硬度12.1kg/cm^2，可溶性固形物含量15.4%，风味甜，香气浓郁，采后常温可存放10d以上。

在潍坊地区7月上中旬成熟，果实发育期90d左右。不裂果，基本不流胶。

潍坊市农业科学院　韩霞（摄）

25. 春 晖 （Chunhui）

亲本（或引入）情况 该品种是山东潍坊市农业科学院果树研究所选育，砂子早生芽变。2009年通过山东省农作物品种审定委员会审定。

主要性状 果实近圆形，果顶圆平，两峰稍隆起，缝合线浅，两半部较对称。果实纵径82mm，横径78mm，平均单果重205g左右，最大可达412g，果皮乳黄色，果实着色为条红或红晕，着色面积平均达70%，茸毛短少，果肉乳白色。肉质细密、硬溶质、耐贮运。可溶性固形物含量11.7%，硬度9.6kg/cm^2，适期采收，自然条件下可存放7～10d。

在山东潍坊地区6月5～8日可陆续采收上市，果实发育期54d左右。该品种早产、丰产性好，第二年株产量可达12.3kg，四年生树株产可达50.47kg，折合每667m^{2}产量2 775kg。

潍坊市农业科学院 韩霞（摄）

26. 丹 丽 (Danli)

亲本（或引入）情况　该品种是山东潍坊市农业科学院果树研究所选育，六月鲜自然杂交种。2013年通过山东省农作物品种审定委员会审定。

主要性状　果实近圆形，平均单果重225.7g，果面色泽艳丽，着色面积平均80%以上，果面光滑，茸毛少而短。果皮厚韧，果肉白色，完熟时近果皮处有红色素沉淀，深达1cm，质地细脆，粘核，可溶性固形物含量13.7%，风味甘甜爽口，香味浓，品质佳。

在山东潍坊地区6月下旬至7月上旬成熟，果实发育期80～85d。新品种树势较强健，早实，丰产性好，适应性强，抗病。

潍坊市农业科学院　韩霞（摄）

27. 早 丹 （Zaodan）

亲本（或引入）情况 该品种是山东潍坊市农业科学院果树研究所选育。2014年通过山东省农作物品种审定委员会审定。

主要性状 果实椭圆形，果顶微尖，两侧较对称；平均单果重138g，果皮底色绿白色，着红色斑点，着色面积平均60%以上；果肉白色，粘核，成熟期去皮硬度为9.5kg/cm^2，可溶性固形物含量11.3%以上，风味甜，品质好。

果实发育期55d左右，在山东潍坊地区6月初成熟。平均株产49.4kg，折合每667m^{2}产量2 717kg。

潍坊市农业科学院 韩霞（摄）

28. 丹 露 (Danlu)

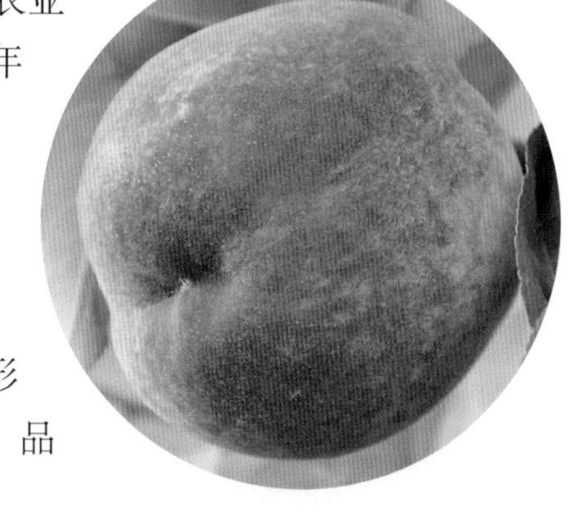

亲本（或引入）情况 该品种是山东潍坊市农业科学院果树研究所选育，雨花露变异单株。2014年通过山东省农作物品种审定委员会审定。

主要性状 果实长圆形，果形端正，顶部圆平微凹，缝合线明显，两半部对称，平均单果重210g；果实底色黄白色，着色良好，着色面积80%以上，茸毛少而短；果肉白略带红色，可溶性固形物含量13.2%，硬度为9.8kg/cm^2，耐贮运，粘核，品质上等。

果实发育期78d左右，成熟期比雨花露晚3～4d，在山东潍坊地区6月中下旬成熟。

潍坊市农业科学院　韩霞（摄）

29. 丹 玉 (Danyu)

亲本（或引入）情况 该品种是山东潍坊市农业科学院果树研究所选育，京玉芽变品种。2017年通过山东省林木品种审定。

主要性状 树势中庸，树姿开张，以中长果枝结果为主。一年生枝绿色，阳面红褐色。叶长椭圆披针形，长14.10cm，宽3.57cm，叶柄长0.78cm，叶尖急尖，叶基楔形，叶色深绿，有蜜腺，1～3个，肾形。花蔷薇形，浅粉红色，花粉少。果实卵圆形，果顶圆微凸，平均单果重307g；果面光洁，茸毛较少，果皮底色白色，80%以上果面着鲜红色；果肉白色，红色素多，风味甜，可溶性固形物含量12.8%，去皮硬度7.6kg/cm^2，离核，品质上等。

果实发育期100d左右，在山东潍坊地区7月中下旬果实成熟，耐贮运，常温下货架期长达9d以上。易成花，自然坐果率高，易管理，丰产性强，栽后当年成花，第二年结果，盛果期每667m^{2}产量达4 000kg以上。抗逆性强，适应性广，在平原、山区、丘陵均可栽植。

潍坊市农业科学院 韩霞（摄）

30. 夏　丹 （Xiadan）

亲本（或引入）情况　该品种是山东潍坊市农业科学院果树研究所选育，北京2号自然杂交种。2012年通过山东省农作物品种审定委员会审定。

主要性状　果实近圆形，平均单果重305g，果面全面着鲜红色或深红色，色泽艳丽。果肉白色，质地细脆，半离核，可溶性固形物含量14.3%以上，风味脆甜爽口，品质极佳，耐贮运，花粉量大，自花结实率高。

果实发育期105d左右，在山东潍坊地区7月中下旬成熟，成熟期介于仓方早生和新川中岛之间，正值桃果淡季，售价高，是一个综合性状优良、早实、丰产的中熟桃新品种。

潍坊市农业科学院　韩霞（摄）

31. 中桃红玉（Zhongtao Hongyu）

亲本（或引入）情况 亲本为曙光 × 14-13-1（早红2号 × 早露蟠桃），代号为99-10-7，2017年1月通过山东省林木品种审定。

主要性状 果实圆形，果顶圆平；缝合线宽深均中等，两半部较对称，成熟度一致。果实较大，平均单果重221.3g，最大果356.8g。果皮茸毛中等，底色乳白，果面全部着深红色晕。果皮厚度中等，难剥离。果肉白色，红色素中，纤维含量中等，汁液多，可溶性固形物含量平均13.5%，硬溶质。风味浓甜，有香气。核卵圆形，离核。

在山东泰安地区，正常年份3月中旬开始萌动，4月初开花，花期5 ~ 7d。果实6月底成熟，7月初完全成熟，果实发育期90d。需冷量600h，11月中旬落叶，全年生育期250d左右。

一年生新梢绿色，阳面浅紫红色。叶片长椭圆披针形，叶面绿色，叶背浅绿色，叶基宽楔形，叶尖渐尖；叶片长度12.9 ~ 16.5cm，宽度3.7 ~ 4.5cm，叶柄长0.9cm。蜜腺肾形，2 ~ 3个。花芽起始结位1 ~ 3节，复花芽多。花蕾薇形，花瓣粉红色，5 ~ 7瓣，花粉多。

树势生长健壮，萌发率高，成枝力较强，早期丰产能力强。盛果期树各类果枝均可结果，自花结实率极高，一般年份在45.2%以上，需严格疏花疏果。

抗逆性和适应性较强，在鲁中山区瘠薄土壤中，春旱时抗旱能力较突出。

32. 龙城蜜桃 (Longcheng Mitao)

亲本（或引入）情况 该品种是山东诸城市贾悦镇金沙沟村一株实生单株，亲本不详。

主要性状 果实近圆形，有果尖，平均单果重231.1g，纵径7.22cm，横径6.93cm，侧径7.15cm。果面平整，两半部对称，缝合线中等，梗洼中深；果面底色黄绿色，阳面着红色，茸毛短，果皮厚度中等，不易剥离；果肉乳白色，肉质硬脆细腻，近核处有红色素；纤维少，汁液中等；风味甜，有香气，可溶性固形物含量13.5%。离核，核椭圆形。

在诸城地区，4月上旬盛花，花期持续5d，9月中旬成熟，果实发育期为150d左右。3月中旬叶芽萌动，11月中下旬落叶，生育期240d左右。

树体生长势中等，树姿较开张，萌发力中等，成枝率中等。一年生新梢绿色，阳面红褐色，平均节间长度2.34cm。叶片长椭圆披针形，叶片长15.63cm、宽4.16cm，叶柄长1.04cm，叶基楔形，叶缘钝锯齿，叶尖渐尖；蜜腺肾形，2～4个；叶芽三角形；花芽圆锥形，多复花芽，花芽密度集中；花蕾薇形，花瓣粉红色；花药橘黄色，有花粉，量多；雌蕊与雄蕊等高或稍低于雄蕊。

树势中庸，树姿半开张。成花能力强，一年生成苗定植后当年形成花芽，第二年少量结果，第三年株产量在41kg左右，第四年进入盛果期。早果性好，丰产稳产。自然坐果率38.6%。

砧木选用青州蜜桃、野生山桃均可，嫁接亲和力强，无大小脚现象，生长健壮。幼树以中果枝结果为主，成龄树中长果枝结果为主，复花芽多，成枝力中等。

抗逆性和适应性较强，在鲁中山区瘠薄土壤和平原土壤中栽植，无特殊病虫害出现。

33. 霞晖6号（Xiahui6）

亲本（或引入）情况 2015年12月通过山东省农作物品种审定委员会审定，主要分布在山东蒙阴县及其周边桃产区。

主要性状 桃果实圆形，平均单果重253.4g，最大275.3g，纵径7.22cm，横径6.93cm，侧径7.15cm。果顶圆，微凹，果面平整，两半部较对称，缝合线中等，梗洼中等，果面着色深红，几乎全红，外观美丽，果面茸毛中等，果皮厚度中等，易剥离；果肉乳白色，肉质细腻，硬溶质，果肉红色素中等，近核处无红色素；纤维中等，汁液较多；风味甜，有香气，可溶性固形物含量12.7%。粘核，核椭圆形。

在山东泰安地区，桃4月上旬盛花，花期持续约1周，7月中旬成熟，果实发育期为97d左右。3月中旬叶芽萌动，11月中下旬落叶，生育期240d左右。

树体生长健壮，树姿半开张。新梢绿色，一年生枝中庸，阳面红褐色，阴面绿色；主干褐色，皮目中等，形状长椭圆形，灰白色；平均节间长度2.52cm，叶片长椭圆披针形，鲜绿色，叶片长15.53cm、宽3.97cm，叶柄长0.71cm，叶基楔形，叶缘钝锯齿，叶尖渐尖；蜜腺肾形，2～3个；叶芽三角形；花芽圆锥形，多复花芽，花芽密度集中；花蔷薇形，花瓣粉红色；花药橘黄色，有花粉，量多；雌蕊与雄蕊等高或稍低于雄蕊。

桃树势中庸，树姿半开张。成花能力强，一年生成苗定植后当年形成花芽，第二年少量结果，第三年株产量在12kg左右，第四年进入盛果期。早果性好，丰产稳产。自然坐果率35.1%。

砧木选用青州蜜桃、野生山桃均可，嫁接亲和力强，无大小脚现象，生长健壮。幼树以中、长果枝结果为主，成龄树各类果枝均可结果，复花芽多，成枝力较强。

桃抗逆性和适应性较强，在鲁中山区瘠薄土壤和平原土壤中栽植，无特殊病虫害出现。

34. 鲁油1号 （Luyou1）

亲本（或引入）情况 2000年，以瑞光2号为母本，以春光油桃、美味油桃、双佛油桃的混合花粉为父本杂交。2015年通过山东省林木品种审定。

主要性状 果实尖圆形，果形正，平均单果重147g，最大果273g。果皮底色红白色，果面着玫瑰红晕，着色面积90%以上，外观艳丽。缝合线浅，两侧较对称。梗洼浅广，果实与果梗结合紧密。果皮中厚，不易剥离；果核小，果肉至近核处同色，硬溶质，汁液多，浓甜，香味中等。设施栽培可溶性固形物含量13.5%。耐贮运性强。

一年生枝阳面紫红色，背面绿色至浅褐色。叶片披针形，绿色至黄绿色，先端渐尖，基部楔形，微向内凹，叶尖微向外卷，叶片较平展，叶缘略呈波状，钝锯齿形；蜜腺肾形，花冠铃形，花瓣粉色，花药黄色，花粉众多，雌蕊比雄蕊高，常柱头先出。树姿半开张，生长势较旺盛，长果枝节间常3.2cm，各类果枝均能结果，以中、长果枝结果为主。花芽起始节位低，复花芽多，有花粉，自花结实能力强。

山东泰安地区，3月中旬萌动，4月上旬盛花期，花期持续7d，果实6月中旬成熟，果实发育期73d左右，11月上旬落叶。

第四节 其他品种资源

其他品种资源见附表3。

第四章　山　　楂

第一节　特异地方品种

01. 水营山楂（Shuiying Shanzha）

别名　灰腚红子。

来源及分布　原产山东省，在山东邹城、莱芜等地有栽培。

主要性状　单果重7g，长圆形；果皮鲜红色，果面有光泽；果点小，黄褐色，中多，果梗中长，梗洼较浅，梗直无瘤；萼片三角形，红色，开张反卷或脱落，萼筒小，漏斗形；果肉粉红色，肉质绵，味酸稍甜，含总糖7.9%，总酸2.39%，可食率82%，出干率32.5%。树势中庸，树姿开张，自然半圆形，萌芽力中，成枝力中，果枝平均坐果7个，特别丰产，稳产。一年生枝黄棕色；叶片广卵圆形，叶尖短尖，叶基宽楔形，5～7裂，裂刻中裂，叶缘锯齿粗锐，叶背光滑无毛，叶柄光滑无毛，托叶形状阔镰刀形；每个花序平均着生25朵花。在山东泰安地区，5月上旬开花，果实9月下旬成熟。较耐贮藏。

特殊性状描述　适宜加工。

02. 益都红口 （Yidu Hongkou）

别名 红山楂、青州市红山楂。

来源及分布 原产山东省，在山东青州等地有栽培，栽培数量不如敞口。

主要性状 单果重7.2g，倒卵形或椭圆形，果肩部较瘦，顶部肥大；果皮深红色，较鲜艳，有光泽；果点黄色，较大而密生；果梗平均长1.3cm，果梗基部偶有小突起，梗洼广浅；萼片三角形，紫红色，直立，半开张，偶有闭合，萼筒周缘具小突起，萼筒广深，近钟状；果肉淡黄白色，稍经存放转为黄色，质地致密稍软。味酸微甜，总糖11.1%，总酸3.05%，果胶4.78%，可食率为88%，出干率38%。树势偏弱，树姿半开张，树冠稍紧凑，呈自然半圆形，萌芽力强，成枝力强，以短果枝结果为主，结果枝平均坐果2.4个，自然坐果率低。骨干枝深褐色，一年生枝黄褐色；叶片三角状卵形或近卵圆形，较薄，绿色，先端长突尖，基部楔形或宽楔形，7～9裂，裂刻较深，基部叶缘波状，先端为疏生小钝锯齿，叶背光滑无毛，叶柄光滑无毛，托叶耳形；每个花序平均着生20朵花。在山东泰安地区，8月果实开始着色，果实10月上旬成熟。

特殊性状描述 耐贮藏。贮后果皮下现水红色，质地糯软，汁液中多，风味有改进，是加工酱、糕等食品的优良品种。

03. 平邑甜红子 (Pingyi Tianhongzi)

别名 甜红子。

来源及分布 原产山东省，在山东平邑、泰安等地有栽培。

主要性状 单果重9g，倒卵形或椭圆形，果肩部较瘦，顶部肥大；果皮橙红色，有光泽；果点黄褐色，中大，中多；果梗短，梗直无瘤，梗洼浅；萼片三角形，黄红色，脱落或宿存，开张反卷，萼筒中大，圆锥形；果肉黄色或黄绿色，质硬，细韧，味甜酸有香味，总糖10.7%，总酸1.5%，可食率84.2%。树势强壮，树姿直立，呈自然圆头形，萌芽力强，成枝力强，果枝平均坐果9个，丰产性一般，一年生枝棕褐色；叶片菱状卵形。叶尖长突尖，叶基楔形，叶片有光泽，具蜡质，厚，叶缘具粗锯齿，5～7裂，中深，叶背光滑无毛，叶柄光滑无毛，托叶窄镰刀形。每花序平均着生19朵花。在山东泰安地区，5月上旬开花，果实9月中下旬成熟。

特殊性状描述 果皮厚，耐贮藏，是黄肉类品种果肉最硬、最耐贮藏的品种，为大果山楂中最佳鲜食品种。

04. 新泰大甜红子 (Xintai Datianhongzi)

别名 大甜红子。

来源及分布 原产山东省，在山东新泰、莱芜等地有栽培。

主要性状 单果重9.6g，椭圆形，果面光滑，有光泽，有的具苞片；果皮紫红色；果点黄白色，较大，分布均匀；果梗较长，梗洼广浅，梗基有瘤状突起；萼片三角状，开张反卷；萼筒小，漏斗形；果肉紫色，质硬，有果香味，味甜酸适口。总糖5.78%，总酸1.86%，可食率85%，出干率31%。树势强，树姿开张，呈自然圆头形，萌芽力弱，成枝力强，果枝平均坐果10个，丰产。一年生枝黄褐色，无刺。叶片三角状卵形，叶尖短突尖，叶基楔形。5～9裂，深裂，叶缘锯齿粗锐。每个花序着生21朵花。在山东泰安地区，5月上旬开花，果实10月上旬成熟。

特殊性状描述 适宜鲜食。适应性强，抗旱，耐瘠薄，适宜山地、丘陵栽培。耐贮藏。

05. 里外红（Liwaihong）

来源及分布 原产山东省，在山东邹城、莱芜等地有栽培。

主要性状 单果重7g，扁圆形，果面有光泽，具苞片；果皮红色；果点小，黄褐色，中多；果梗较短。梗洼广浅，梗直无瘤；萼片三角形，半开张反卷或脱落，萼筒中大，圆锥形；果肉红色，质松，味酸稍甜。总糖9.53%，总酸2.84%，可食率80%，出干率32.2%。树势弱，树姿直立，呈圆锥形，萌芽力中等，成枝力中等，果枝平均坐果4个。一年生枝黄褐色。叶片三角状卵形，叶尖渐尖，叶基窄楔形，下延，5～9裂，深裂，叶背面脉间有短茸毛，叶缘重锯齿，每花序平均着生23朵花。在山东泰安地区，5月上旬开花，果实10月上旬成熟。较耐贮藏。

特殊性状描述 适于切片制干。干片红色。

06. 敞口山楂 (Changkou Shanzha)

来源及分布 原产山东省，在山东临朐、青州、淄博等地有栽培。栽培历史悠久，分布面广，因其果实的萼片多数开张，故名敞口。

主要性状 单果重10.5g，大型果，近圆形或扁圆形，果面蜡质较厚并有果粉，具光泽；果皮深红色；果点淡黄色，稍大；果梗稍粗，平均长1.4cm，梗洼中深较广；萼片长三角形，红褐色，开张平展，萼基有肉瘤状突起，萼筒广浅；果肉微黄白色，质地致密较硬，稍经存放，果皮下即呈现微淡红色，总糖含量9.2%，总酸含量2.85%，果胶3.11%，可食率为86%，出干率35%。树势强壮，幼树生长迅速，健旺，干性较强，一般3裂，4年始果。树姿较开张，呈圆头形或自然半圆形，萌芽力中，成枝力高，果枝平均坐果4.9个，健壮结果枝坐果最多可达13个。骨干枝褐灰色；一年生枝棕褐色，叶片广卵圆形或近圆形，较厚，浓绿色，较粗糙，稍有光泽，先端渐尖，基部近圆形或为宽楔形。5～7裂，裂刻浅，主、侧脉夹角处残存灰白色茸毛，锯齿钝，较大，或细锐；叶柄稍细，平均长3.5cm；托叶阔镰刀形。花序较大，最大花序有花25朵以上，总花梗及花梗具灰白色茸毛。在山东泰安地区，5月上旬开花，果实8月中下旬开始着色，10月上中旬成熟。

特殊性状描述 极耐贮藏。采前落果轻。经济寿命长，湿度较大和生长后期雨水过多的年份，果实易感水锈，影响质量。历史上曾是出口的重要产品，因切片晒干后，楂片色白而带微红色，被誉为桃花楂片。

07. 费县大绵球 （Feixian Damianqiu）

别名　大绵球。

来源及分布　原产山东省平邑县，在山东临沂、费县、泰安、济阳、平阴、莱芜等地有栽培。

主要性状　单果重13g，扁圆形；果面有光泽，果皮橘红色；果点小而密，黄白色；梗洼较深，梗直无瘤；萼片三角形，闭合，萼筒中大，圆锥形；果肉黄白色至橙黄色，质松软，味甜酸适中，品质中上等，含总糖10.13%，总酸3.66%，可食率81%，出干率31%。树势强壮，树姿开张，呈自然半圆形，萌芽力中等，成枝力中等，花序平均坐果7个，成形快，结果早，丰产，稳产。一年生枝黄褐色。叶片菱状卵形，叶尖渐尖，叶基宽楔形，叶片不平展，向内卷曲抱合且下垂，5～7裂，浅裂，托叶阔镰刀形，春季萌芽时新梢顶叶片鲜红色。每花序着生18～24朵花。在山东泰安地区，5月初开花，果实9月中旬成熟。存在采前落果现象，不耐贮藏。

特殊性状描述　果实个大，上市早，适于鲜食与加工。

08. 小黄红子 (Xiaohuanghongzi)

别名　黄山楂。

来源及分布　原产山东省，在山东平邑等地有栽培。

主要性状　单果重3g，卵圆形；果皮黄色，外观美丽；果点棕褐色，小，密生，萼片三角形，开张反卷；果肉黄色，质硬，味酸稍苦，总黄酮含量1.013%，是一般品种的3倍，可食率80.5%。树势弱，树姿开张，呈自然半圆形，萌芽力低，成枝力低，果枝平均坐果7个，较丰产。一年生枝棕褐色。叶片卵形，叶尖急尖，叶基宽楔形，叶背脉间有短茸毛，7～9裂，浅裂。每个花序平均着生21朵花。在山东泰安地区，5月上旬开花，果实10月中旬成熟。耐贮藏。

特殊性状描述　为珍贵的药用品种。

第二节　地方品种

01. 小金星（Xiaojinxing）

来源及分布　原产山东省，在山东临沂、泰安等地有栽培。

主要性状　单果重9g，倒卵圆形；果面光滑有光泽，果皮深红色；果点小，黄褐色或黄白色，故名小金星，萼片黄绿色，宿存或脱落，开张直立或反卷，萼筒小，圆锥形；果肉粉白色或白绿色，肉质细糯，甜酸适口，品质上等，可食率89%，出干率34%。树势强壮，树姿开张，呈自然圆头形，萌芽力中等，成枝力中等，果枝平均坐果9个，高产，稳产。一年生枝黄褐色。叶片卵形，叶尖渐尖，叶基宽楔形，5～9裂，基裂较深，叶片薄，叶柄长，叶面不平展，向内抱合，叶背光滑无毛，叶柄光滑无毛，托叶耳形。每花序平均着生22朵花。在山东泰安地区，5月上旬开花，果实9月中旬成熟。果实耐贮藏。该品种适宜生食和加工。种子含仁率80%左右，可供育苗。耐干旱、瘠薄。

02. 大 货（Dahuo）

来源及分布 原产山东省，在山东泰安、历城、长清、莱芜、章丘等地有栽培。该品种是鲁中山区古老品种，因其为大型果品种，在市场被誉为“大货”而得名。

主要性状 单果重10g，大型果，近圆形，肩部稍肥大，果顶部略瘦；果面蜡质层较薄，有光泽，具果粉，果皮深红色；果点黄色，较小，稀疏，不匀；果梗平均长1.7cm，较细，梗洼较深窄；萼开张或闭合，萼片呈三角形，紫红色，萼基具5个小型肉质突起，萼筒较小，圆锥形；果肉粉白色或白色，质地硬，贮后转细软，汁少，酸味强，总糖10.6%，总酸3.05%，品质中上等，可食率92.7%，出干率34%。树势强壮，幼树期生长健壮，干性较强。定植后第三年开始结果。树姿开张，干性较弱，自然半圆形，萌芽力中等，成枝力弱，健壮结果枝可连续4年结果，结果母枝抽生结果枝的能力较强，坐果率高，结果枝平均坐果5.2个，采前落果较轻。骨干枝灰色，一年生枝红褐色至棕褐色。叶片卵形或宽卵圆形，浓绿色，有光泽，背面绿色，先端急尖，基部楔形或宽楔形；叶柄长4.1cm，较粗壮，裂浅或中深，叶背光滑无毛，叶柄光滑无毛，托叶阔镰刀形。花序大型，最大花序有花30朵以上。在山东泰安地区，5月上旬为花期，9月上中旬开始着色，10月上中旬果实成熟，较耐贮藏。该品种经济寿命较长，适应性较强。

03. 白瓤绵 （Bairangmian）

来源及分布 原产山东省，在山东日照、烟台、青岛等地有栽培。该品种母树在莱西县店埠乡东庄头村，因其果肉白色，贮后较易变绵，故名白瓤绵。

主要性状 单果重10g，近圆形或筒状圆形，果肩部和顶部均稍肥大；果面有光泽，果皮深红色。果点黄色，中小型，密生；果梗短，平均长1.3cm。梗洼广平；萼片三角形，棕褐色，开张直立，萼筒漏斗状，稍陡深；果肉白色，致密稍硬，汁液较少，酸味浓强，含糖量为10.4%，总酸含量3.45%，果胶2.75%；可食率为88.6%，出干率34%；果实贮藏至新年期间，质地转软，汁液较多，风味甜酸，品质较好。树势强壮，树姿开张，呈扁口形或自然半圆形，萌芽力强，成枝力强，以中果枝结果为主，最多可坐果17个，平均坐果5.3个，自然坐果率高。骨干枝灰褐色，一年生枝深褐色。叶片广卵圆形或近椭圆形，较厚，浓绿色，稍粗糙，先端渐尖，基部宽楔形，5～7裂，裂刻浅；叶柄平均长3.8cm，叶背光滑无毛，叶柄光滑无毛，托叶阔镰刀形。花序大，最多有花30朵左右。在山东泰安地区，5月上中旬开花，9月上旬果实开始着色，10月上中旬果实成熟，较耐贮藏。该品种适宜生食。

04. 山东红瓤绵（Shandong Hongrangmian）

别名 红瓤大山楂。

来源及分布 原产山东省招远市纪山乡石栩村，在招远市及附近各县（市）等地有栽培。由于果实较大，果肉带红色，故定名为红瓤大山楂。

主要性状 单果重7g，大小不匀，筒状圆形或近圆形，两端均较肥大；果面蜡质较厚，有光泽，果皮深红色，较鲜艳；果点黄色，较大密生。果梗短，平均长1.1cm，梗洼深广；萼片长三角形，紫红色，开张，半反卷，萼筒漏斗形，陡深；果肉微黄白色，贮后变淡黄色。果皮下有水红色晕，质地致密稍硬，酸味浓厚，含糖量为13.5%，总酸3.66%，果胶含量为3.81%。可食率为87%，出干率高达41%。果实贮至新年后，近核处和果皮下，果肉呈水红色，并偶现红色斑块。质地细致糯软，甜酸适口，品质较好。树势中庸，树姿半开张，萌芽力中等，成枝力低，以中果枝结果为主。平均坐果4.4个，具有一定的稳产性。一年生枝黄褐色，叶片广卵形或近圆形。较厚，浓绿色，有光泽，先端急尖，萼部近圆形，7～9裂，裂刻较浅；叶柄较粗硬，平均长4.1cm，锯齿稀生而锐，叶背光滑无毛，叶柄光滑无毛，托叶窄镰刀形。花序中型，最大花序有花25朵左右。在山东泰安地区，5月上中旬开花，9月上旬果实开始着色，10月中旬果实成熟。本品种具有树冠紧凑、丰产稳产等特性，适于生食鲜销及加工。

05. 旧寨山楂 (Jiuzhai Shanzha)

别名 称星子。

来源及分布 原产山东省平邑县流峪乡邵山前村，在平邑县流峪乡一带有栽培。因其果点较大，颜色鲜黄醒目，形似“称星”而得名。

主要性状 单果重6.5g，扁圆形，肩部稍瘦，顶部稍大；果面蜡质较厚，有光泽，果皮紫红色；果点较大，黄色明显，密生，分布均匀；果梗短，梗洼浅窄，萼片开张反卷呈五星状。萼基有紫色瘤状突起，萼筒稍广，中深，近钟状；果肉淡黄色，质地致密稍硬，味酸甜，总糖12.1%，总酸2.44%，果胶4.07%。果实的可食率90.5%，出干率35%。树势中庸，树姿开张，呈扁圆形或半圆形，萌芽力弱，成枝力强，以中果枝结果为主，结果枝平均坐果2.5个，自然坐果率较低。骨干枝褐色，一年生枝棕红色。叶片近圆形或广卵圆形，较厚，浓绿色，有光泽，先端短突尖，基部近圆形或为广楔形，5～7裂，裂刻很浅，叶先端疏生小钝锯齿，叶背光滑无毛，叶柄光滑无毛，托叶窄镰刀形。花序中大型，有花25朵左右。在山东泰安地区，5月上中旬开花，10月上旬果实成熟。果实耐贮藏。贮后果肉变黄色，质地糯软致密，汁液中多，甜酸味浓，并具芳香，是风味较好的生食加工兼用品种，对山楂白粉病、叶点病、炭疽病、日烧病等叶、果病害感染较轻。

06. 山东窄口（Shandong Zhaikou）

来源及分布 原产山东省安丘市，在山东平度县青杨乡上回村一带有栽培。

主要性状 大型果，扁圆形，果肩部和顶部均较肥大；果面蜡质较厚，果皮鲜红色，较鲜艳光亮；果点黄色，中密；果梗基部有残存茸毛，平均长1.7cm，梗洼较深，中广，微显5条放射状棱沟；萼片锐三角形，开张半反卷或为聚合，萼筒稍小，近漏斗状；果肉绿白色，较硬，酸味较浓，稍经存放，果肉呈乳白色，质地致密较硬，稍有汁液，味酸微甜，风味开始转好，生食受市场欢迎。树势中庸，树冠为自然半圆形，紧凑矮小，干性较弱。萌芽力弱，成枝力弱，以中果枝结果为主，结果枝平均坐果4.5个。自然坐果率较高，稳产性较好。骨干枝褐灰色，枝条粗壮短硬；一年生枝黄棕色。叶片广卵形或椭圆形，先端长突尖，基部近圆形或为宽楔形，较厚，浓绿色，有光泽；7～9裂，裂刻较浅，叶背光滑无毛，叶柄光滑无毛，托叶窄镰刀形。花序中小型，有花25朵左右。在山东泰安地区，5月上中旬开花，9月上旬开始着色，10月上旬果实成熟，不耐贮藏。

07. 大金星 (Dajinxing)

来源及分布 原产山东省，分布较广，不仅有因易地而异名者，也有同名而异种者。以山东临沂一带所产为其典型。该品种是山东省栽培历史久远的一个代表性地方良种。因果大色艳、果点黄色明显而得名。

主要性状 单果重11.5g，大型果，大小较均匀，圆球形，微现5棱；果面蜡质较厚，有光泽，果皮深红色；果点黄色，较大而密生；果梗较粗短，平均长1.6cm，梗洼浅窄；萼片呈三角形，淡绿色微带紫红色，开张反卷。萼筒漏斗形；果肉微绿白色，质硬，致密。酸浓，稍甜，总糖10.1%，总酸3.65%，可食率91%，出干率36%。树势强壮，树姿较开张，枝条稍稀疏，呈自然半圆形，萌芽力弱，成枝力中等，结果枝平均坐果5.6个，自然坐果率较高，丰产稳产。骨干枝褐色，一年生枝深褐色至紫褐色。叶片近圆形或宽卵圆形，较大，厚而硬。深绿色，有光泽，先端短突尖，基部近圆形或宽楔形，5～7裂，裂刻浅；叶柄稍粗硬，平均长3.6cm，叶背光滑无毛，叶柄光滑无毛，托叶耳形。花序大型，有花30朵以上。在山东泰安地区，5月上旬开花，8月上旬后开始着色，10月上中旬成熟。果实较耐贮藏。贮后果肉转为微黄白色，品质好转，虽久贮但仍能保持果实的色泽和风味。适应性较强。

08. 山东大糖球 (Shandong Datangqiu)

别名　糖球。

来源及分布　原产山东省，在山东邹城、莱芜一带有栽培。

主要性状　单果重9g，圆形；果面无光泽，具苞片，果皮紫红色；果点中大，黄白色，中多；果梗中长，梗洼广浅、梗直无瘤；萼片三角形，开张反卷，萼筒中大，漏斗形；果肉粉红色。质松软，味甜酸，品质上等。含总糖9.3%，总酸3.28%，可食率79%，出干率30%。树势中庸，树姿开张，呈自然半圆形，萌芽力强，成枝力弱，结果枝平均坐果7个，丰产。一年生枝黄褐色。叶片广卵圆形，叶尖短突尖，叶基宽楔形，5～7裂，浅裂。叶缘具重锯齿，叶背脉间有短茸毛，叶柄光滑无毛，托叶窄镰刀形，每花序平均着生24朵花。在山东泰安地区，5月上旬开花，9月中旬成熟。果实不耐贮藏。适宜鲜食和加工。

09. 银红子 （Yinhongzi）

别名 银红。

来源及分布 原产山东省，在山东莱芜一带有栽培。

主要性状 单果重11g，扁圆形；果面光滑，有苞片，果皮橙红色；果点中大，稀，灰白色；果梗较长，梗洼广浅，梗直无瘤；萼片开张反卷，萼筒大，圆锥形；果肉白色，质松软，甜酸适口，有果香味，品质中上等，含总糖10%，总酸1.8%，可食率88%，出干率33%。树势强壮，树姿半开张，呈自然半圆形，萌芽力强，成枝力弱，结果枝平均坐果11个，丰产稳产。一年生枝黄白色。叶片广卵圆形，叶尖短突尖，叶基宽楔形或近圆形，叶片背面脉间有稀茸毛，5～7裂，浅裂或中裂，叶柄光滑无毛，托叶阔镰刀形。每个花序着生22朵花。在山东泰安地区，5月上旬开花，9月下旬成熟。果实不耐贮藏。适宜鲜食和加工。

10. 百花峪大金星 (Baihuayu Dajinxing)

别名 沂源大金星。

来源及分布 原产山东省，在山东沂源、莱芜等地有栽培。

主要性状 单果重12g，扁圆形；果面有蜡光，具苞片，果皮深红色；果点大、多，黄褐色；果梗较长，梗洼浅，梗直无瘤，萼片三角形，开张反卷；萼筒中大，圆锥形；果肉白绿色，质硬，味酸稍甜，可食率86%，出干率34%。树势中庸，树姿开张，呈自然半圆形，萌芽力弱，成枝力中等，结果枝平均坐果8个，高产稳产。一年生枝紫褐色。叶片广卵圆形，叶尖短突尖，叶基宽楔形或近圆形，叶背脉间有短茸毛，5～7裂，浅裂或中裂，叶背光滑无毛，叶柄光滑无毛，托叶窄镰刀形。每个花序平均着生23朵花。在山东泰安地区，5月上旬开花，10月上旬成熟。果实耐贮藏。适宜鲜食和加工。

11. 歪把红子（Waibahongzi）

来源及分布 原产山东省平邑县，在山东平邑、费县等地有栽培。由于果大、耐贮，兼能制片供药用，为山东省的主栽品种之一。近年来，省内外均有引种栽培。

主要性状 单果重10.2g，大型果，倒卵圆形或长圆形，肩部较瘦，顶部较肥大；果面蜡质较厚，有光泽，果皮深红色；果点黄色，较小而密生，果梗较粗硬，平均长1.2cm。基部的一侧着生较肥大的红色肉质瘤，迫使果梗歪生；萼片褐色，开张反卷，果面有残存苞片；萼筒陡深，圆锥形或钟状。果肉乳白色，质硬。汁少，酸味强，略带涩味，总糖9.5%，总酸3.66%，果胶3.42%，可食率为89.5%，出干率33%。树势强壮，树姿半开张，呈主干疏层形或自然半圆形，干性较强，萌芽力强，成枝力强，结果枝平均坐果3.8个，自然坐果率偏低。骨干枝褐色；一年生枝橙红色或棕褐色。叶片菱状卵形或为广卵形，较厚，浓绿色，有光泽，先端突尖，基部楔形或宽楔形。5～7裂，裂刻浅，叶片两侧的叶缘基部稀生浅钝锯齿，先端稍密；叶柄较细，平均长3.2cm，叶背光滑无毛，叶柄光滑无毛，托叶耳形。花序大型，有花30朵左右。在山东泰安地区，5月初开花，8月上旬起陆续着色，10月上中旬成熟。果实耐贮藏。

12. 子母红子 (Zimuhongzi)

别名　红子。

来源及分布　原产山东省平邑县，在山东平邑、费县、莱芜等地有栽培。

主要性状　单果重6.2g，扁圆形或近圆形，胴部浑圆；果面稍有光泽，果皮深红色；果点黄色，小而密生；果梗平均长1.1cm，梗洼广浅，梗基有半木质化小瘤；萼片紫红色，开张反卷呈五星状。萼筒广浅，近皿状；果肉乳白色，质地致密，汁液少，味酸，总糖9.7%，总酸3.25%，果胶3.7%，可食率87.1%，出干率35%。树势强壮，经济寿命长，树姿较开张，呈圆头形，萌芽力强，成枝力强，以短果枝结果为主，结果枝平均坐果2.9个，自然坐果率较低，结果枝的连续结果能力较强。骨干枝褐色，枝条较硬，斜向延伸。一年生枝棕黄色。叶片卵形或近椭圆形，较厚，有光泽，绿色，先端渐尖或突尖，基部近圆形或宽楔形，7～9裂，裂刻浅，叶缘具疏密不等的小钝或粗锐锯齿，叶背光滑无毛，叶柄光滑无毛，托叶耳形，花序中大型，有花25朵以上。在山东泰安地区，果实8月下旬开始着色，9月下旬至10月上旬成熟，果实不耐贮藏。

13. 莱芜黑红 (Laiwu Heihong)

别名　黑红。

来源及分布　原产山东省，在山东莱芜等地有栽培。

主要性状　单果重10g，近圆形或扁圆形；果皮鲜红色，果面有光泽，具苞片；果点大，灰白色，中多，突出果面；果梗较长，梗洼浅，梗直，基部有瘤；萼片三角形，半开张反卷，萼筒大，漏斗形；果肉绿白色，质硬，味酸稍甜，品质中上等，含总糖10.1%，总酸2.2%，可食率90%，出干率33%。树势强壮，树姿开张，自然圆头形。萌芽力强，成枝力弱，果枝平均坐果10个，特别丰产。一年生枝紫褐色。叶片广卵圆形，叶尖短急尖，叶基宽楔形或近圆形，5～7裂，浅裂或中裂，叶缘重锯齿，叶背光滑无毛，叶柄光滑无毛，托叶耳形。每个花序平均着生24朵花。在山东泰安地区，5月上旬开花，10月上旬成熟，果实耐贮藏。加工及鲜食均宜。

14. 红石榴（Hongshiliu）

别名　沂水大石榴。

来源及分布　原产山东省，在山东沂水、莱芜等地有栽培。

主要性状　单果重12g，扁圆形；果皮深红色，果面具蜡光和果粉；果点大，突生，黄白色；果梗中长，梗洼广浅，梗直有瘤；萼片长三角形，宿存或脱落，黄绿色，开张反卷，萼筒大，圆锥形；果肉粉白色，质硬，甜酸爽口，品质中上等，可食率87%，出干率34%。树势强壮，树姿开张，自然圆头形。萌芽力中，成枝力弱，果枝平均坐果10个，特别丰产。一年生枝紫红色。叶片广卵圆形，多皱，叶尖短突尖，叶基宽楔形，叶背脉间有茸毛，5～7裂，浅裂或中裂，叶缘粗锐锯齿，叶背光滑无毛，叶柄光滑无毛，托叶窄镰刀形。每个花序着生25朵花。在山东泰安地区，5月上旬开花，10月上旬成熟，果实耐贮藏。生食加工均宜。

15. 二红子 (Erhongzi)

来源及分布 原产山东省，在山东平邑等地有栽培。

主要性状 单果重11g，长圆形；果皮橘红色，果面光滑有光泽；果点黄色，小、密集；果梗直，基部有瘤；萼片披针形，开张反卷，萼筒小；果肉乳白色，质松软，甜酸适中。含总糖7.3%，总酸2.34%，可食率90%。树势中庸，树姿开张，圆头形。萌芽力中，成枝力中，果枝平均坐果6个，较丰产。一年生枝黄棕色。叶片卵圆形。叶尖急尖，叶基近圆形，叶背脉间有茸毛，5～7裂，浅裂。叶缘重锯齿，叶柄光滑无毛，托叶阔镰刀形；每个花序平均着生16朵花。在山东泰安地区，5月上旬开花，10月上旬成熟，果实较耐贮藏。鲜食及加工均宜。

16. 毛黄红子（Maohuanghongzi）

来源及分布 原产山东省，在山东平邑等地有栽培。

主要性状 单果重9g，倒卵形；果皮黄色，果面有茸毛；果点棕褐色，中大，分布均匀；果梗直，基部有瘤并密布白毛，故名毛黄红子；萼片三角形，开张反卷，萼筒小；果肉黄色，质松软，味甜稍酸，品质中上等，可食率90.7%。

树势强壮，树姿开张，呈自然圆头形。萌芽力强，成枝力强，果枝平均坐果7个，较丰产。一年生枝黄褐色。叶广卵圆形，叶尖渐尖，叶基近圆形，叶背脉间有短毛，7～11裂，浅裂，叶缘粗锐锯齿，叶柄光滑无毛，托叶阔镰刀形。每花序着生19朵花。在山东泰安地区，5月初开花，9月中下旬成熟，果实较耐贮藏。鲜食及加工均宜。

17. 小 货 (Xiaohuo)

别名 行货，是其商品名。

来源及分布 原产山东省，在山东泰安、历城、长清、章丘一带有栽培。山东省古老品种，栽培数量多，因果实比大货稍小，故名小货。近年来，除山东省各山楂产区有所发展外，其他地区也有引种发展。

主要性状 单果重8.2g，倒卵形或近圆形，果肩部稍瘦，顶部稍肥大；果皮深红色，果面有光泽；果点淡黄色，稍大，中密，均匀；果梗具茸毛，平均长11.4cm，梗洼不明显或偶有小肉瘤，或残留苞片，萼片开张，直立，萼筒窄漏斗状；果肉绿白至黄白色，质地硬，酸味浓厚，总糖12.1%，总酸3.25%，果胶3.98%，可食率为85.5%，出干率为30%。品质优良，贮后风味有所增进。树势强壮，树姿开张，呈扁圆形或自然半圆形。萌芽力强，成枝力强，始果期较早，2～3年即可结果。以长、中果枝结果为主，结果枝平均坐果4.9个，自然坐果率较高。丰产，稳产，经济寿命长。骨干枝灰褐色，枝条较粗软；一年生枝黄褐色。叶片卵圆形或卵形，较厚，浓绿色，有光泽，先端渐尖，基部近圆形或宽楔形，7～9裂，裂刻深，基部近全缘，先端具大小不一的钝、锐交错锯齿，叶背残存淡黄色茸毛，叶柄光滑无毛，托叶窄镰刀形。花序大型，有花30朵以上。在山东泰安地区，果实9月上旬开始着色，9月下旬成熟，耐贮藏。该品种适宜性强。

18. 高桩星子 (Gaozhuang Xingzi)

来源及分布 该品种为地方品种，山东新泰及莱芜一带有栽培。

主要性状 树姿开张，呈自然圆头形。一年生枝紫褐色。叶片三角状卵形，叶尖急尖、叶基楔形，7～9裂，深裂，叶缘锯齿细锐。每个花序平均着生18朵花。

果实长圆形，单果重7.2g；紫红色，有光泽，具苞片，果点黄白色，圆形，中大、中多；果梗中长，梗直有瘤；萼片三角形，红色，开张反卷，萼筒中大，漏斗形；果肉粉红色，质硬，甜酸适口，总糖8.48%，总酸2.96%，可食率80%，出干率30%。

树势强，萌芽率高，成枝率低。果枝平均坐果7个，丰产。在鲁中地区5月上旬开花，10月上旬成熟。较耐贮藏，耐干旱、瘠薄。生食和加工均宜。

19. 甜香玉 (Tianxiangyu)

别名 清香红子。

来源及分布 原产山东省，在山东平邑等地有栽培。

主要性状 单果重10g，倒卵形；果皮深红色，果面有光泽；果点黄褐色，小，分布均匀；梗洼狭深，梗直无瘤；萼片三角形，闭合或半开张反卷，萼筒小；果肉黄白色，质细致，味甜稍酸。有浓郁的清香味。品质上等，可食率89%。树势中庸，树姿开张，呈自然半圆形。萌芽力弱，成枝力弱，果枝平均坐果5个，较丰产。一年生枝棕褐色。叶片广卵圆形，叶尖急尖，叶基近圆形，叶背脉间有疏毛，5～7裂，基裂深，叶缘粗锐锯齿，叶柄光滑无毛，托叶窄镰刀形，每个花序着生17朵花。在山东泰安地区，5月上旬开花，10月上旬成熟，果实较耐贮藏。鲜食及加工均宜。

20. 泰安石榴 (Taian Shiliu)

别名 香石榴、莱芜香石榴。

来源及分布 原产山东省，在山东莱芜等地有栽培。

主要性状 单果重6g，长圆形；果皮深红色；果点小，中多，黄褐色；果梗较长，梗洼隆起，梗直有瘤；萼片开张反卷，萼筒小，圆锥形；果肉粉红色，质松软，甜酸有果香味，品质特佳。可食率80%，出干率31%。树势较弱，树姿开张，呈自然半圆形。萌芽力中，成枝力中，果枝平均坐果8个，较丰产。一年生枝黄褐色。叶片三角状卵形，叶尖急尖，叶基宽楔形，叶背脉间布短茸毛，7～9裂，深裂，叶缘钝圆锯齿，叶柄光滑无毛，托叶窄镰刀形。每个花序着生22朵花。在山东泰安地区，5月上旬开花，9月中下旬成熟，果实不耐贮藏。适于鲜食。是很好的育种种质资源。

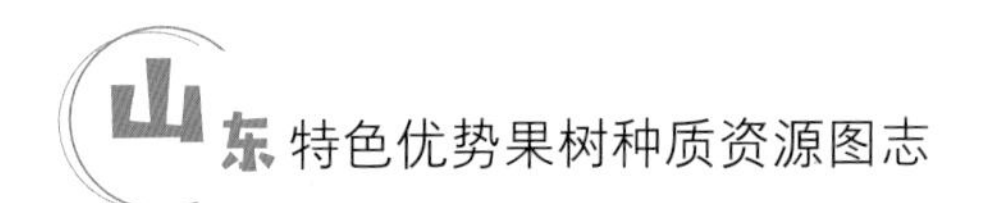

21. 福山铁球（Fushan Tieqiu）

别名 艳阳红。

来源及分布 原产山东烟台福山区，在胶东一带广泛栽培，山东莱芜有引种。

主要性状 单果重9.6g，长圆形；果皮深红色，果面具蜡质光泽；果点中大，突出果面，密生，黄白色；果梗长，梗洼广浅，梗基有肉瘤；萼片三角状，紫红色，闭合，萼筒中大，圆锥形；果肉有红、白两种颜色，质致密，酸甜适口，具清香味。品质上等。总糖13.5%，总酸3.75%，可食率88.4%，出干率38.4%。树势较弱，树姿开张，呈自然圆头形。萌芽力弱，成枝力中，果枝坐果较少，最多8个，一般3～4个，结果指数低，即每个结果母枝只抽一个结果枝。故丰产性较差。一年生枝红褐色。叶片广卵圆形，叶尖急尖，叶基宽楔形。5～7裂，中深，叶背面脉间有茸毛，叶缘锯齿粗锐，叶柄光滑无毛，托叶耳形。每个花序着生20朵花。在山东泰安地区，5月上旬开花，10月上旬成熟，果实不耐贮藏。最宜生食。

22. 菏泽大山楂（Heze Dashanzha）

别名 大目。

来源及分布 原产山东省，在山东菏泽有栽培。古老地方品种。

主要性状 单果重8g，倒卵形；果皮深红色，果面有光泽；果点大而突出果面，黄褐色，胴部较稀大，果顶部密而小，故名大目。梗洼平展，梗直无瘤，萼片三角形，脱落或宿存。开张反卷，萼筒小、漏斗形。果肉白色，质硬，酸味浓。总糖9.23%，总酸2.9%，可食率85%，出干率31%。树势强壮，树姿开张，呈自然圆头形。萌芽力中等，成枝力弱，每个果枝平均坐果8个，丰产性强。一年生枝红褐色，无针刺。叶片卵形，叶尖渐尖，叶基楔形，5～7裂，中深，叶缘具细锐锯齿，叶背光滑无毛，叶柄光滑无毛，托叶窄镰刀形。每个花序着生24朵花。在山东泰安地区，5月上旬开花，10月上旬成熟，果实很耐贮藏。果胶含量高，最适宜加工。

23. 平邑山楂（Pingyi Shanzha）

来源及分布 原产山东省，在山东平邑、莱芜等地有栽培。地方品种。

主要性状 单果重9g，倒卵形；果皮深红色，果面有光泽和苞片；果点小，灰白色，突出果面，中多；果梗中长，梗洼浅，梗直，有的有瘤；萼片小，三角形，红绿色，半开张反卷；果肉白绿色或白色，质硬，味酸稍甜。总糖9.41%，总酸2.6%，可食率84%，出干率30%。树势强壮，树姿半开张，呈自然半圆形。萌芽力强，成枝力弱，每个果枝平均坐果6个，丰产稳产。一年生枝黄褐色。叶片卵形，叶尖渐尖。叶基楔形，叶背脉间有稀毛，7～9裂，深裂，叶缘细锐锯齿，叶柄光滑无毛，托叶耳形。每个花序平均着生29朵花。在山东泰安地区，5月上旬开花，9月下旬成熟，果实耐贮藏。贮后果肉变软，鲜食与加工均宜。

24. 青条红子（Qingtiaohongzi）

别名　大青条、搓红子。

来源及分布　原产山东省，在山东平邑、费县、临沂等地有栽培。地方品种。

主要性状　单果重9g，近圆形；果皮大红色，果面光滑；果点中大、中密，黄白色；果梗长，梗洼浅，梗直无瘤或有瘤；萼片三角形，开张反卷，萼筒中大，漏斗形；果肉绿白或粉红色，质韧硬，味酸稍甜，可食率90.55%，出干率35%。树势强壮，树姿直立，呈自然圆头形。萌芽力中，成枝力中，大枝上易萌发长旺枝，往往长达1m以上，故又名大青条。每个果枝平均坐果6个，较丰产，有大小年结果现象。一年生枝灰褐色、叶片卵形，厚，革质，有光泽，叶尖短突尖，叶基楔形，7～9裂，中裂。每个花序平均着生17朵花。在山东泰安地区，5月上旬开花，10月中下旬成熟，为最耐贮藏的品种之一。耐干旱、瘠薄。鲜食和加工均宜。

25. 山东红面楂（Shandong Hongmianzha）

别名　面红子。

来源及分布　原产山东省，在山东平邑有栽培。地方品种。

主要性状　单果重11g，近圆形；果皮鲜红色，果面有光泽；果点圆形，中大，中多，黄褐色；果柄直，基部有瘤。萼片开张，反卷，萼筒小，圆锥形；果肉厚而软，朱黄色，甜酸适口，有清香味。总糖10.97%，总酸2.10%，可食率88%。树势中庸，树姿开张，呈扁圆形。萌芽力中等，成枝力中等，果枝平均坐果7个，丰产，结果早。一年生枝棕褐色。叶片卵圆形，叶尖急尖，叶基宽楔形，叶背脉间有短毛，5～7裂，中深，叶缘重锯齿，叶背光滑无毛，叶柄光滑无毛，托叶耳形；每个花序平均着生20朵花。在山东泰安地区，5月上旬开花，10月上旬成熟，较耐贮藏。为鲜食优良品种。

26. 长把红子 （Changbahongzi）

来源及分布 原产山东省，在山东平邑有栽培。地方品种。

主要性状 单果重11g，近圆形；果皮橘红色，果面有光泽；果点黄褐色，中大，中多。果梗直，基部有瘤；萼片三角形，宿存，开张平展，萼筒中大；果肉淡绿色，甜酸适口。总糖9.0%，总酸2.44%，可食率88%。树势中庸，树姿开张，呈自然圆头形。萌芽力弱，成枝力弱，果枝平均坐果6个，丰产。一年生枝棕褐色。叶片广卵圆形，叶尖渐尖，叶基宽楔形，叶背脉间有茸毛，5～7裂，中深。每个花序平均着生17朵花。在山东泰安地区，4月下旬开花，10月中下旬成熟，耐贮藏。鲜食和加工均宜。

27. 草红子 （Caohongzi）

来源及分布　原产山东省，在山东平邑县有栽培。地方品种。

主要性状　单果重9g，近圆形；果皮橙红色，果面有少量果粉；果点黄褐色，小，密生，梗洼狭深，梗基有瘤；萼片三角形，开张反卷，萼筒中大；果肉粉红色，质松软，品质中等。总糖7.49%，总酸2.03%，可食率89%。树势强壮，树姿开张，呈自然圆头形。萌芽力中等，成枝力弱，果枝平均坐果4个，丰产。一年生枝灰褐色。叶片卵圆形，叶尖急尖，叶基近圆形，叶背脉间有茸毛，7～9裂，中深，叶缘细锐锯齿，叶柄光滑无毛，托叶窄镰刀形。每花序平均着生17朵花。在山东泰安地区，5月初开花，9月下旬成熟，不耐贮藏。鲜食与加工均宜。

28. 大果黄肉（Daguohuangrou）

别名　大黄红子。

来源及分布　原产山东省，在山东平邑有栽培。地方品种。

主要性状　单果重10g，近圆形；果皮金黄色，果面光亮美观，阳面稍有红晕，果点棕褐色，中大，果梗直，梗基有瘤，萼片三角形，开张反卷，萼筒小；果肉黄白色，质软，味甜微酸。品质中上等，可食率84.7%。树势强壮，树姿开张，呈自然半圆形。萌芽力中等，成枝力弱，果枝平均坐果7个，丰产稳产。一年生枝棕红色。叶片卵形，叶尖渐尖，叶基楔形，叶背脉间有茸毛，5～7裂。每个花序着生17朵花。在山东泰安地区，5月初开花，10月下旬成熟，较耐贮藏。鲜食与加工均宜。

29. 黄 果 (Huangguo)

别名 临朐大黄楂、大黄楂。

来源及分布 原产山东省临朐县五井乡傅家庄，已有近100年的历史。仅限于当地零星栽植。近年来主要用于繁育砧木。

主要性状 中型果，长筒形；果皮蜡黄色，果面光亮，果点白色，小而稀；果梗细硬，平均长1.1cm，梗洼深窄；萼片三角形，淡绿色，开张，反卷，黏附于萼洼的周沿，呈五星状，萼洼较深广、微有棱沟，萼筒陡深，钟状；果肉微黄白色，质地稍软则致密，味甜酸，稍经存放，果肉变黄色，质地细糯，汁液黏稠，甜酸味增强，为口感风味最佳时期。树势中庸，树姿半开张。萌芽力弱，成枝力弱，以中、短果枝结果为主，结果枝平均坐果5个、自然坐果率较高。骨干枝灰褐色，枝条较细梗；一年生枝淡棕褐色。叶片长椭圆形，较厚，绿色，先端渐尖，基部楔形，5～7裂，裂刻浅，基部近全缘，先端稀生小锐锯齿，叶背光滑无毛，叶柄光滑无毛，托叶窄镰刀形。中型花序，有花25朵左右，总花梗及花梗具浅灰色茸毛。在山东泰安地区，8月下旬果实由绿色转淡绿而现黄色，9月上中旬成熟。不耐贮，半月后即失去商品价值。

30. 东都黄石榴（Dongdu Huangshiliu）

来源及分布 原产山东省，在山东新泰市东都镇有栽培。农家品种。

主要性状 单果重3.4g，小型果，纵径1.9cm，横径1.8cm，近圆形；果皮大红色，果点密而小，黄褐色；梗洼浅陷；萼片卵状披针形，紫褐色，开张平展；萼筒U形。果肉深红，甜酸，肉质硬；可食率较高，达80.9%。100g鲜果可食部分含可溶性糖较高，为9.78g；可滴定酸中等，为2.84g；维生素C较高，为77.26mg。树势强壮，树姿开张，呈自然半圆形。十年生树高3.8m，冠径2.7～2.9m。萌芽力强，成枝力弱，花序花数中等，17.5朵；自然授粉坐果率中等，34.6%。定植树4年开始结果，八年生树平均株产10.5kg。多年生枝绿黄色；二年生枝绿褐色，无针刺；一年生枝浅褐色。叶片中大，三角状卵圆形，长8.5cm，宽8.9cm，羽状深裂，叶背无毛。在沈阳地区，4月下旬萌芽，5月下旬始花，9月下旬果实成熟，10月中旬落叶。营养生长期较长，175d；果实发育期中等，120d。在沈阳地区栽培树体与花芽均无冻害。该品种较抗寒；果实中熟，品质中上等。适于鲜食和加工利用。

31. 大五棱 （Dawuleng）

别名 五棱红。

来源及分布 原产山东省，是山东省平邑县农业局于1983年在天宝乡选出的实生单株。经10余年繁殖推广，于1995年被评为临沂市特优果品。

主要性状 单果重16.6g，最大单果重23.7g，倒卵圆形，果实顶端萼筒部呈明显的五棱状；果皮大红色，果面平滑光洁；果肉为粉红色，质地细密，味酸适口，富有香气。果实含可溶性糖8.9%、可滴定酸2.35%，100g鲜果中维生素C含量为51.04mg。树势强壮，树姿直立，呈自然圆头形。萌芽力中，成枝力弱，该品种果枝连续结果能力强，为4～5年，花序平均坐果4.36个，自然授粉花朵坐果率为20.42%，配置长把红等品种为授粉树，坐果率可提高到30%以上。一年生枝黄棕色，二年生枝黄褐色，无针刺。叶片广卵圆形，较厚，绿色，先端渐尖，基部楔形下沿，5～7裂，裂刻浅，基部近全缘，先端稀生小锐锯齿，叶背光滑无毛，叶柄光滑无毛，托叶耳形。在山东泰安地区，5月初开花，10月上旬成熟，耐贮藏。该品种适应性强，耐旱，抗花腐病。

32. 小黄绵楂 (Xiaohuang Mianzha)

来源及分布 原产山东省，在山东青州、临朐、沂水有栽培。农家品种。近年来辽宁省有引种栽培。

主要性状 小型果，单果重4.5g，纵径2.0cm，横径2.1cm，扁圆形；果皮土黄色；果点小，灰褐色；梗洼浅陷；萼片三角形，开张反卷。果肉黄白；味酸苦；肉质绵面，可食率较高，82%。树势中庸，树姿半开张，呈圆锥形。萌芽力高，成枝力弱，以中、短枝结果为主；花序花数中等，16朵；自然授粉坐果率很低，12.7%；花序坐果数少，4个。定植树4年开始结果，六年生树株产12.5kg。二年生枝灰白色；一年生枝黄褐色。叶片中大，三角状卵形；长9.0cm，宽8.7cm；羽状中裂，叶基楔形；叶尖长突尖，叶背叶脉稀有毛。花序梗无毛；花冠中大，冠径25mm；雌蕊3～5，雄蕊19～22；花药粉红。种核3～5，较小，百核重15g；种仁率极高，80%。在辽宁省葫芦岛地区，4月上旬萌芽，5月中旬始花，9月下旬果实成熟，10月中旬落叶。营养生长期较长，190d；果实发育期较长，130d。该品种适应性强，较抗寒、耐旱；结果早，花白果黄，叶色浓绿；树姿半开张，适于园林绿化利用。

33. 山东超金星（Shandong Chaojinxing）

来源及分布　原产山东省，是在平邑县境内进行山楂品种资源调查时，从近千株山楂实生树中优选出来的。

主要性状　该品系与当地大面积栽植的大金星相比，其果实形状扁圆，颜色深红，酷似大金星，但果个更大（平均单果重24g，最大37g），果点小而稀，外观更光洁美丽。甜味比大金星浓，而酸味较小，丰产性优于大金星，不仅果个大，果穗也大（平均每穗11个果，最多33个），产量也高（盛果期每667m^2可超万斤[*]），果实耐贮性也好于大金星，可贮藏到翌年4月以后不变质，其叶片也比大金星大、黑，花成熟期与大金星相同，皆为10月下旬，抗病性较强与大金星相似。

* 斤为非法定计量单位，1斤=0.5千克。——编者注

34. 益都小黄 (Yidu Xiaohuang)

来源及分布 原产山东省。

主要性状 平均单果重3.17g，果实圆形；果皮为橙黄色，肉质致密，可食率72.3%，味酸，果实品质中下等。树势强壮，树姿直立。萌芽力强，成枝力强，花序花数中等；果枝平均坐果4个，丰产。一年生枝黄棕色，二年生枝黄褐色，无针刺。叶片菱状卵形，较厚，叶色浓绿，先端渐尖，基部楔形下沿，无裂刻，叶缘有粗锐锯齿，叶背光滑无毛，叶柄光滑无毛，托叶窄镰刀形。在山东泰安地区，生育期很短，171d；定植树4年开始结果，5月上旬开花，10月上旬成熟。

第三节　其他品种资源

其他品种资源见附表4。

主要参考文献

曹尚银，李天忠，宋宏伟，等，2017. 中国梨地方品种图志[M]. 北京：中国林业出版社.

曹玉芬，刘凤之，胡红菊，等，2006. 梨种质资源描述规范和数据标准[M]. 北京：中国农业出版社.

柴明良，沈德绪，2003. 中国梨育种的回顾和展望[J]. 果树学报，20(5): 379-383.

陈景新，1985. 河北省苹果志[M]. 北京：农业出版社.

李绍华，2013. 桃树学[M]. 北京：中国农业出版社.

廖庆安，凌一章，李国萍，等，1992. 苹果抗寒新品种——新冠[J]. 中国果树 (2): 17, 6.

刘凤之，曹玉芬，王昆，2005. 苹果种质资源描述规范和数据标准[M]. 北京：中国农业出版社.

刘振岩，李震三，2000. 山东果树[M]. 上海：上海科学技术出版社.

陆秋农，束怀瑞，1996. 山东果树志[M]. 济南：山东科学技术出版社.

陆秋农，1992. 苹果栽培[M]. 北京：农业出版社.

蒲富慎，王宇霖，1963. 中国果树志（第三卷 梨）[M]. 上海：上海科学技术出版社.

山东省果树研究所，1961. 山东果树栽培技术[M]. 济南：山东人民出版社.

山东省果树研究所，1996. 山东果树志[M]. 济南：山东科学技术出版社.

申为宝，陈修会，2005. 临沂果茶志[M]. 北京：方志出版社.

沈德绪，2008. 果树育种学 [M]. 2版. 北京：中国农业出版社.

沈隽，蒲富慎，等，1993. 中国农业百科全书（果树卷）[M]. 北京：农业出版社.

汪景彦，丛佩华，2013. 当代苹果[M]. 郑州：中原农民出版社.

汪祖华，庄恩及，2001. 中国果树志（桃卷）[M]. 北京：中国林业出版社.

王力荣，朱更瑞，方伟超，等，2012. 中国桃遗传资源[M]. 北京：中国农业出版社.

王玉柱，2011. 主要果树新品种（新品系）及新技术[M]. 北京：中国农业大学出版社.

俞德浚，1979. 中国果树分类学[M]. 北京：农业出版社.

张绍玲，2013. 梨学[M]. 北京：中国农业出版社.

张绍铃，钱铭，殷豪，2018. 中国育成的梨品种（系）系谱分析[J]. 园艺学报，45 (12): 2291–2307.

赵焕谆，丰宝田，1996. 中国果树志（山楂卷）[M]. 北京：中国林业出版社.

附表1 苹果资源一览表

品种	别名	产地	单果重(g)	特征			品质	成熟期	其他
				形状	色泽	萼片			
大白果子	—	乐陵等地	40	近圆形	淡红晕	—	中上等	7月上旬	
小白甜子	—	莘县等地	30	近圆形	淡黄绿	—	中下等	7月上旬	
草果子	—	鲁西南一带	40	扁圆形	淡红晕	—	中等	7月上旬	
临沂秋沙	—	临沂一带	30	近圆形	红霞	—	中等	7月下旬	
伏沙果	—	平原等地	40	近圆形	微有红晕	—	中上等	7月中旬	
五月红	—		90	扁圆形	鲜红	—	中等	7月中旬	落果重
红夏沙果	—	临清等地	35	扁圆形	红晕	闭合	中上等	7月中旬	
新泰秋沙	—	新泰等地	30	近圆形	淡红晕	—	下等	7月中旬	
邹平红果	—	长青、章丘	40	扁圆形	全面紫红	—	中下等	7月中旬	
早花红	—	日照等地	40	扁圆形	淡红晕	闭合	中等	7月下旬	
柰果子	—	长青等地	40	近圆形	淡绿	—	中下等	7月下旬	
小歪把	—	临沂一带	25	近圆形	阳面红霞	—	中等	7月下旬	
魁果	—	安丘一带	80	扁圆形	鲜红霞	—	中等	7月下旬	
红甜子	—	鲁中	30	近圆形	浓红	—	中下等	7月下旬	
梁山花红	—	鲁西南一带	40	扁圆形	鲜红晕	—	中等	8月上旬	
直把沙果	—	鲁北一带	50	扁圆形	红晕	—	下等	8月上旬	
烟台花红	—	烟台市	40	扁圆形	全面深红	闭合	中上等	8月上旬	
大红甜子	—	曲阜等地	40	扁圆形	紫红晕	—	中等	8月上旬	
直把沙果	—	鲁北一带	40	扁圆形	微有红晕	—	中等	8月上旬	
寿光花红	—	寿光等地	30	扁圆形	鲜红晕	—	中等	8月中旬	
秋沙	—	鲁北一带	40	近圆形	淡绿	—	中下等	8月中旬	
红果子	—	历城、长青	40	扁圆形	浓红	闭合	中下等	8月下旬	
酸果	—	邹平等地	30	近圆形	阳面红霞	—	中等	8月下旬	
歪把子	—	汶上等地	35	近圆形	阳面红霞	—	中等	8月下旬	

（续）

品种	别名	产地	单果重（g）	特征			品质	成熟期	其他
				形状	色泽	萼片			
乐陵槟子	—	乐陵等地	45	圆锥形	阳面暗红	—	中下等	9月中下旬	
歪把冬果	—	蓬莱等地	60	圆锥形	鲜红霞	—	中下等	10月中下旬	
冬槟子	—	文登等地	35	圆锥形	鲜红霞	—	下等	10月中下旬	
贝拉	—	美国	100	扁圆形	黄绿	闭合	中等	6月中旬	
早捷	—	美国	135	扁圆形	玫瑰红	—	中等	6月中旬	
地别利	—	不详	124	扁圆形	淡黄	—	中等	6月下旬	
华丹	—	郑州	160	近圆形	红	—	中等	6月下旬	
辽伏	—	辽宁省	90～100	扁圆形	绿	—	中等	7月上旬	
草红子	—		120	扁圆形	鲜红霞	—	中等	7月上旬	落果重
红珍珠	—	郑州	105	圆柱形	鲜红	—	上等	7月上旬	
藤牧1号	—	美国	157	圆形	红	—	中等	7月下旬	
安娜	—		120	卵圆形	淡红晕	—	中等	7月下旬	
拉里坦	—		170	扁圆形	浓红霞	—	中等	8月初	
花祝	—		250～270	扁圆形	红条纹	—	中等	8月上旬	
古德堡	—		180	圆锥形	红条纹	—	中等	8月上旬	
西红柿	—		150	多扁圆形	红斑片	—	上等	8月上中旬	
紫云	—		100	近圆形	紫红霞	—	中等	8月中旬	落叶早
长祝	—		150	长圆形	红霞	—	中等	8月中旬	
梨形旭	—		170～250	倒卵圆形	暗红霞	—	中等	8月中旬	
阿特拉斯	—		95	近圆形	紫红	—	上等	8月下旬	
一斗金	—		140	短圆锥形	鲜红	—	中等	8月下旬	梗锈极大
加雅尔	—		180	扁圆形	粉红霞	—	中等	8月下旬	
约士基	—		180	近圆形	红色条	—	中等	8月下旬	
欧撒其	—		300	扁圆形	淡红霞	—	中等	8月下旬	
拉宝	—		200	扁圆形	紫红霞	—	中等	8月下旬	耐涝、抗病
嘎拉	—	新西兰	130	近圆形	红	闭合	中上等	8月中旬	
皇家嘎拉	红嘎拉	新西兰	130	近圆形	鲜红	闭合	上等	8月中旬	
泰山嘎拉	—	泰安	192	圆锥形	鲜红	闭合	上等	8月中旬	
津轻	—	日本	170～200	近圆形	鲜红	—	上等	8月下旬	
鲁加2号	—	青岛农业大学	140	近圆形	条红	—	中等	8月下旬	加工专用
鲁加4号	—	青岛农业大学	190	近圆形	条红	闭合	中等	8月下旬	加工专用
紫星	—		180	扁圆形	暗红	—	中等	9月初	

（续）

品种	别名	产地	单果重(g)	特征			品质	成熟期	其他
				形状	色泽	萼片			
紫香蕉	—		175	长圆锥形	浓紫红	—	中等	9月上旬	
新红星	—	美国	200	圆锥形	浓红	—	中上等	9月上旬	
乔纳金	—	美国	180～250	近圆形	红	闭合	上等	9月上旬	
红玉	—	美国	150	近圆形	红	闭合	上等	9月中旬	
新红玉	—	美国	150	近圆形	红	—	中等	9月中旬	
元帅	红香蕉	美国	170～250	圆锥形	鲜红	—	中上等	9月中旬	
红星	—	美国	170～250	圆锥形	暗红	开张	中上等	9月中旬	
新红星	—	美国	200	圆锥形	暗红	开张	中上等	9月中旬	短枝
天汪1号	—	甘肃天水	200	圆锥形	暗红	开张	中上等	9月中旬	短枝
超红	—	美国	180	圆锥形	暗红	开张	中上等	9月中旬	短枝
首红	—	美国	170～250	圆锥形	暗红	—	中上等	9月中旬	短枝
阿斯	—	美国	230	圆锥形	暗红	—	中上等	9月中旬	短枝
瓦里短枝	—	美国	230	圆锥形	暗红	—	中上等	9月中旬	短枝
俄矮2号	—	美国	200	圆锥形	暗红	—	中上等	9月中旬	短枝
岱红	—	山东	190～200	圆锥形	浓红	闭合	中等	9月中旬	
赤城	—		170	长圆形	鲜红霞	—	中等	9月中旬	
初秋	—		200	圆锥形	红	—	中等	9月中旬	
纽蕃	—		350	圆锥形	紫红	—	上等	9月中旬	
花魁	—		100	短圆锥形	粉红条	—	中等	9月中旬	采前落果重
花香蕉	—		190	卵圆形	暗红霞	—	中等	9月中旬	开花期晚
史东塔什	—		160	短圆锥形	紫红	—	中等	9月中旬	
美尔塔什	—		130	扁圆形	浓红晕	—	中上等	9月中旬	
宝玉	—		210	扁圆形	暗红霞	—	中等	9月中旬	
拉克斯坦	—		170	扁圆形	暗红霞	—	中等	9月中旬	
弘前富士	—	日本	230	圆形	鲜红	—	上等	9月中旬	
岳苹	—	辽宁	295	圆锥形	鲜红	—	中上等	9月下旬	抗轮纹病
高领	—			圆形	浓红	—	上等	9月下旬	三倍体品种
岩上	—			圆形	鲜红	—	中等	9月下旬	
克拉普	—		150	扁圆形	鲜红	—	下等	9月下旬	
博斯库普	—		150	近圆形	红	—	中等	9月下旬	
斯普伦多	—		200	短圆锥形	鲜红霞	—	中等	9月下旬	
秦冠	—	陕西	200	短圆锥形	暗红	—	中等	9月下旬	

（续）

品种	别名	产地	单果重（g）	特征			品质	成熟期	其他
				形状	色泽	萼片			
华苹1号	—	兴城	170	长圆形	鲜红	—	中等	9月下旬	
苹帅	—	昌黎	210	近圆形	浓红	—	中上等	9月下旬	
华脆	—	兴城	203	长圆形	浓红	—	中等	10月上旬	
王林	—	日本	200	卵圆形	黄绿	—	上等	10月上旬	
青龙	—		240	扁圆形	淡红晕	—	下等	10月上旬	
金星	—		180	圆锥形	绿黄	—	中等	10月上旬	
红卡维	—		220	圆锥形	浓红	—	中等	10月上旬	
梅泽	—		180	近圆形	暗红条	—	中等	10月上旬	采前落果重
紫玉	—		170	扁圆形	浓红霞	—	中等	10月上旬	果实易皱皮
秦冠	—	陕西	160～200	短圆锥形	红	闭合	中等	9月下旬	
陆奥	—	日本	300	近圆形	黄绿	—	中上等	10月上旬	
青香蕉	—	美国	200	圆锥形	黄绿	—	上等	10月上旬	
印度	印度青		200	圆柱形	绿	—	中上等	10月中旬	
大国光	—		250	扁圆形	红	—	中等	10月上旬	
世界一	青森54	日本	500～750	短圆锥形	红	半开	中等	10月上旬	
倭锦	秋花皮	美国	230	短圆锥形	红	—	中等	10月上旬	抗病
东光	—		200	圆锥形	红晕	—	中等	10月中旬	
布瑞本	—		146	扁圆形	红晕	—	中等	10月中旬	
北斗	—	日本	300	扁圆形	黄绿	—	中上等	10月中旬	霉心病重
鸡冠	红鸡冠		120	近圆形	红	—	中等	10月中旬	抗病
秀水	—	山东	150～160	近圆形	红	闭合	中上等	10月中旬	
小叶子	短把子		150	圆形	黄绿	—	中上等	10月下旬	
国光	小国光		125	扁圆形	黄绿	半开	上中等	10月下旬	
富士	青富士	日本	200～280	扁圆形	黄绿	半开	上等	10月下旬	
长富2号	—	日本	215	扁圆形	鲜红	半开	上等	10月下旬	
秋富1号	—	日本	235	扁圆形	浓红	半开	上等	10月下旬	
长富6号	—	日本	244	扁圆形	鲜红	半开	上等	10月下旬	
长富1号	—	日本	221	近圆形	浓红	半开	上等	10月下旬	
长富12	—	日本		近圆形	浓红	半开	上等	10月下旬	
岩富10号	—	日本	237	近圆形	红	半开	上等	10月下旬	
2001富士	—	日本	226	近圆形	红	半开	上等	10月下旬	
福岛短	—	日本	230	近圆形	红	半开	上等	10月下旬	

（续）

品种	别名	产地	单果重（g）	特征			品质	成熟期	其他
				形状	色泽	萼片			
烟富1号	—	烟台	250	近圆形	红	半开	上等	10月下旬	
烟富2号	—	烟台	235	近圆形	红	半开	上等	10月下旬	
烟富3号	—	烟台	235	近圆形	红	半开	上等	10月下旬	
烟富6号	—	烟台	250	近圆形	红	半开	上等	10月下旬	短枝
烟富7号	—	烟台	265	近圆形	红	半开	上等	10月下旬	短枝
礼富1号	—	陕西礼泉	270	圆锥形	红	半开	上等	10月下旬	短枝
天红2号	—	河北	260	圆形	红	半开	上等	10月下旬	短枝
龙金蜜	—	山东	150	扁圆形	鲜红	半开	中上等	10月下旬	
澳洲青苹	—	澳大利亚	200～230	扁圆形	翠绿	闭合	中等	10月下旬	
粉红女士	—	澳大利亚	170	圆柱形	鲜红	闭合	中上等	11月上旬	

附表2　梨品种一览表

品种	别名	产地	单果重(g)	特征			品质	成熟期	其他
				形状	色泽	萼片			
长把恩梨	—	五莲、坊子	129	近圆形	黄绿	脱萼或宿存	中下等	9月中旬	
佑安梨	—	五莲、坊子	120	倒卵形	黄绿	宿存	中等	8月下旬	不耐贮
小黄坠子梨	—	泗水	120	倒卵形或椭圆形	黄色微绿	宿存	中上等	9月上中旬	
鹅头鸭梨	—	平邑	200	倒卵形	黄白	宿存	上等	9月上中旬	果面凸凹不平
瓶梨	—	莱阳	180～220	椭圆形	绿黄	脱萼	中等	10月上旬	果面具3～4条浅沟
冻梨	—	荣成	80～120	扁圆或圆形	青绿	宿存或脱萼	中下等	10月中下旬	冻后可食
海阳谢花甜梨	—	海阳	100	近长圆形	绿黄	脱萼	中等	9月上旬	梗洼处有果锈
莱阳谢花甜	—	莱阳	513	纺锤形	黄	宿存	中上等	9月上旬	
莱阳早熟茌梨	—	莱阳	230	倒卵形	黄绿	残存	中上等	9月中旬	
黄县谢花甜	—	黄县	255	卵圆形或椭圆形	浅黄	脱萼	中上等	9月上旬	不耐贮藏
乐陵马蹄黄	—	乐陵、鲁北一带	150	椭圆形	绿黄	脱萼	中下等	9月下旬	
金皮秋	—	费县、平邑	125	椭圆形	浅黄绿	脱萼	中上等	9月上旬	
苹果梨	—	栖霞	200	倒卵形	阳面有红晕	脱萼	中下等	9月上旬	
平顶蜜	—	乳山	150	扁圆形	黄褐	脱萼	上等	9月上中旬	果面有蜡光
小香水梨	—	龙口	131	卵圆形或倒卵形	鲜黄	脱萼或宿存	中上等	9月下旬	梗洼有沟
临清小香水	—	临清	230	圆形	黄绿	脱萼或宿存	中上等	9月中旬	

（续）

品种	别名	产地	单果重（g）	特征			品质	成熟期	其他
				形状	色泽	萼片			
马里金梨	—	滕州	121	倒卵形	淡黄绿	脱萼或宿存	中至中下等	10月上旬	
兔子绵梨	—	滕州	105	卵圆形或椭圆形	绿黄	脱萼或残存	中下等	9月下旬	
滕州二愣子梨	—	滕州	195	纺锤形	黄绿	宿存	下等	9月中下旬	
小猪嘴梨	—	威海	350	长圆锥形	黄绿	脱萼	中上等	9月底	
大青皮梨	—	齐河	250	卵圆形	黄绿	宿存	中等	9月中旬	
酸棠梨	—	聊城	25	圆形	绿褐	宿存	下等	9月中下旬	
渣梨	—	夏津、胶南	30	圆形	黄褐	脱萼	中下等	10月中旬	
秋杜梨	杜梨	荣成	50	圆柱形	底色黄绿附棕色锈	脱萼或残存	中等	10月下旬	
大香梨	—	乳山	28	圆形至椭圆形	黄	脱萼或宿存	中等	9月中旬	
乳山长秋梨	—	乳山	180	卵圆形	黄绿	宿存	中等	9月中下旬	
泗水面梨	—	泗水	260	扁圆形	黄绿	脱萼或宿存	下等	9月下旬至10月上旬	
棠梨	黑面梨	历城	30	扁锥形	浅黄棕	脱萼	中下等	9月下旬	
黄香梨	黄皮蛋梨	费县	53	近圆形或椭圆形	绿	脱萼	下等	9月下旬	
日照古安梨	—	日照	350	倒卵形或倒圆锥形	淡黄或浅黄绿	宿存	中上等	8月中下旬	
莱阳秋白梨	秋里白、车水平梨	莱阳	275	广倒卵形	黄绿	脱萼	中上等	9月中下旬	
大黄香梨	粗皮黄香梨、厚皮黄香梨	莒县、莒南	250	扁圆形	浅黄绿	脱萼	中等	9月上旬	
粗皮甜梨	—	平邑	80	近圆形	浅黄绿	脱萼	中下等	10月中下旬	
莱阳马蹄黄	短把子	莱阳、龙口	287.5	近圆形	黄绿	脱萼	中等	9月下旬	
莱阳酸窝梨	黄县香水梨、窝梨	莱阳、龙口、栖霞、莱西、崂山	120	近长圆形	浅绿黄	脱萼	中等	9月下旬	
商河大面梨	—	商河	310	倒卵形	柠檬黄	宿存	中等	9月上中旬	
商河梨果	—	商河	76	扁圆形	浅绿黄	残存	中等	8月下旬	

（续）

品种	别名	产地	单果重（g）	特征			品质	成熟期	其他
				形状	色泽	萼片			
冬梨	—	海阳	150～170	近倒卵形	黄	脱萼	中下等	9月下旬至10月上旬	
泰安酥梨	—	泰安夏张	230	倒卵形	黄绿	脱萼	中上等	9月上旬	
夏张糖把梨	—	泰安夏张	215	倒卵形	黄绿	脱萼	中上等	9月中旬	
夏晚1号	—	泰安夏张	245	圆形	绿	脱萼或残存	中等	9月下旬	
夏晚2号	—	泰安夏张	268	圆形	绿	脱萼	中等	9月下旬	
宁阳冠梨	—	宁阳	365	圆形	黄绿	脱萼	中上等	9月中下旬	
莱阳香水梨	莱阳小香水、四楞子	莱阳	180～220	圆球形	黄绿	脱萼或宿存	中上等	10月上旬	
昌邑祠梨	昌邑慈梨	昌邑	465	圆形或扁圆形	黄绿	脱萼，偶有残存	中等	9月中旬	
昌邑古根梨	—	昌邑	165	葫芦形	绿，阳面有红晕	脱萼或宿存	中等	9月上旬	
兔头梨	兔子头、瓶梨、大茌平梨	莱阳、栖霞	250～450	椭圆形或圆形	绿黄	脱萼	中下等	10月上中旬	
桑皮梨	红皮池梨、红皮梨	平邑、莒县、莒南等	250～300	近圆形或扁圆形	浅棕	脱落或残存	中下等	9月上旬	
冰糖子梨	茌梨、青皮恩梨	诸城、五莲、寿光	170	倒卵形	绿	宿存	上等	9月上旬	
鸭广梨	广梨	莱阳	100	倒卵形或近圆形	黄绿	宿存或残存	上等	9月下旬	
乐陵大面梨	—	乐陵	368	椭圆形或近圆形	绿黄	宿存	中上等	9月上旬	
紫酥梨	红梨	菏泽、鄄城、成武	120	近圆形或扁圆形	绿黄	脱落或残存	中等	9月上旬	
砀山酥梨	—	鲁西南梨区	250	倒卵形或圆筒形	绿黄	脱萼，偶有残存	中上等	9月上中旬	
福山慈梨	—	福山	145	近卵圆形或圆筒形	黄绿	脱萼	中上等	9月中旬	

（续）

品种	别名	产地	单果重(g)	特征			品质	成熟期	其他
				形状	色泽	萼片			
芝麻棠梨	子母棠梨、棠梨	商河、乐陵	150	圆形或扁圆形	橘红或灰褐	脱落或残存	中下等	9月中下旬	
泗水秋白梨	—	泗水、枣庄、邹城	144	倒卵形	浅黄，阳面赭黄	脱萼或宿存	中等	9月中下旬	
邹城铁皮梨	—	邹城	235.5	纺锤形	黄褐	残存	中等	9月下旬	
博山平梨	大平梨	博山	450	圆筒形或卵圆形	鲜黄	脱萼	中等	9月中下旬	
夏津秋白梨	—	夏津	125	短圆柱形	黄绿	脱萼或残存	中等	9月上旬	
章丘秋白梨	—	章丘、历城	234	椭圆形	金黄	脱萼	中上等	8月中旬	
大麻黄梨	—	夏津	404.6	长圆形	黄绿	脱萼	中等	9月中下旬	
二麻黄梨	—	夏津	199.7	倒卵形	黄绿	脱萼	中等	9月下旬	
小黄梨	—	济南、滨州	182.9	纺锤形	黄	脱萼	中等	8月上旬	
黄金梨	—	大部分梨区	430	扁圆或圆形	淡黄绿	脱萼	上等	8月下旬	
大棠梨	—	巨野	107.0	圆锥形	绿褐	脱萼或宿存	下等	10月上旬	
二马黄梨	—	平原、齐河	292.6	倒卵形	黄绿	脱萼	中等	9月下旬	
黄皮槎	—	平邑、费县	183.2	倒卵形	绿黄	脱萼或残存	上等	9月上旬	
大窝窝梨	—	崂山	180.5	近圆形	黄绿	脱萼	中等	9月下旬	
黄金坠	—	泰安	197.5	圆锥形	黄	脱萼	中等	9月中旬	
佛见喜	—	北京、泰安	167	近圆形	黄绿	脱萼	中上等	9月中旬	
棠梨	—	海阳、齐河、乐陵	49.7	扁圆形	褐	脱萼	下等	9月下旬	
乐陵铁梨	—	乐陵	157.5	圆形	黄褐	脱萼，偶有残存	中等	9月下旬	
乐陵砂梨	—	乐陵	182.5	倒卵形	黄绿	脱萼或宿存	中上等	9月中旬	
冠县无籽梨	—	冠县	164.6	葫芦形	绿黄	脱萼	中等	9月中下旬	
冠县大梨水	—	冠县	236.8	卵圆形	绿	脱萼	中上等	9月下旬	
冠县短把雪花	—	冠县	162.5	圆形	黄绿，阳面有红晕	脱萼或残存	中上等	8月下旬	
小香梨	—	威海、日照	51.3	圆形	红褐	宿存	下等	9月中旬	

（续）

品种	别名	产地	单果重(g)	特征			品质	成熟期	其他
				形状	色泽	萼片			
中香梨	—	莱阳	150	卵圆形	黄绿	脱萼	中上等	9月上中旬	
香茌	—	莱阳	155	卵圆形	绿黄		上等	9月上旬	
鸭茌	—	莱阳	150	卵圆形或倒卵形	绿黄		上等	9月下旬	
宝山酥梨	—	平邑	350	近圆形或近纺锤形	绿黄至金黄		中上等	9月上中旬	
秋玉	—	青岛	331	圆形	黄绿，阳面有红晕		上等	9月中下旬	
青蜜	—	青岛	320	倒卵形	褐		上等	10月上中旬	
鲁秀	—	青岛	317	圆形	黄褐		上等	8月中旬	
琴岛红	—	青岛	278	圆形	黄绿，阳面具粉红色红晕		上等	8月中下旬	
岱酥	—	泰安	353.5	圆形	黄	脱萼	上等	8月中旬	
早金酥	—	聊城、泰安	294	粗颈葫芦形	黄绿	脱萼	上等	8月上旬	
大鸭梨	—	阳信、冠县	330	倒卵形	黄绿	脱萼	中上等	8月中下旬	
五九香	—	陵县、泰安	272	长粗颈葫芦形	绿黄	宿存或残存	中上等	8月下旬	
锦丰	—	崂山、德州	230	扁圆形或圆球形	黄绿	宿存	上等	9月中旬	
早酥	—	滨州、聊城	270	卵圆形或圆锥形	绿或黄绿	脱萼或宿存	上等	8月中旬	
早美酥	—	聊城	250	圆形	绿黄	脱萼或宿存	中上等	7月下旬	
早生新水	—	阳信、泰安	140～217	扁圆形	浅黄	脱萼或残存	中上等	8月上旬	
奥冠红梨	—	聊城	430.9	扁圆形	浓红		上等	9月中旬	
早酥红	—	临沂、聊城、滨州	250	卵圆形	鲜红	脱萼或宿存	中上等	7月下旬	
奥红1号	—	临沂	268	卵圆形	紫红	脱萼或宿存	中上等	7月下旬	
鲁梨1号	大巴梨	平度	281	粗颈葫芦形	绿黄或黄		上等	8月中旬	
七月酥	—	临沂、聊城	210	阔卵圆形或扁圆形	黄绿		上等	7月初	

（续）

品种	别名	产地	单果重（g）	特征			品质	成熟期	其他
				形状	色泽	萼片			
新慈香	—	冠县	597	圆形	黄绿	残存	上等	9月底	
山农酥	—	冠县	460	纺锤形	黄绿	宿存	上等	9月底	
山农脆	—	冠县	445.6	圆形或扁圆形	淡黄褐		上等	8月底9月初	
红香酥	—	滨州、聊城、临沂	220	纺锤形或长卵圆形	绿黄，阳面有红晕	脱萼或宿存	上等	9月下旬	
冀玉	—	泰安	260	椭圆形	绿黄	脱萼	上等	8月下旬	
中梨1号	绿宝石	滨州、聊城、泰安	264	近圆形或扁圆形	绿或绿黄	脱萼或宿存	上等	7月下旬	
新梨七号	—	滨州、聊城	253	卵圆形	黄绿，阳面有红晕	宿存	极上等	7月下旬	
玉露香	—	滨州、泰安	294	近圆形或卵圆形	绿黄，阳面有红晕	脱萼或残存	上等	8月底9月初	
黄冠	—	分布广泛	355	椭圆形	黄或绿黄	脱萼	上等	8月中旬	
翠冠	—	泰安	277	圆形或扁圆形	黄绿	脱萼	上等	8月中旬	
翠玉	—	泰安	304	扁圆形	浅绿或黄绿	脱萼	中上等	7月下旬	
初夏绿	—	泰安	278	扁圆形或近圆形	浅绿	脱萼	中上等	7月下旬	
苏翠1号	—	泰安、临沂	260	倒卵形	黄绿	脱萼	上等	7月下旬	
华金	—	泰安	305	长圆形或长卵圆形	绿黄	脱萼	上等	8月上旬	
清香	—	泰安	210	圆形、长圆形或圆锥形	黄褐	脱萼或宿存	中上等	8月上旬	
二十世纪	—	临沂、泰安	300	近圆形	黄绿	脱萼，偶宿存	上等	8月中旬	
金二十世纪	—	泰安	300	近圆形	绿黄	脱萼或宿存	上等	8月底	
晚三吉	三吉梨	临沂、泰安	393	近圆形	绿褐或锈褐	脱萼，少数残存	中上等	9月上中旬	
爱宕	—	大部分梨区	415	扁圆形	黄褐	脱萼	中上等	10月上中旬	
丰水	—	大部分梨区	326	圆形或扁圆形	锈褐	脱萼或宿存	上等	8月下旬	
秋月	—	烟台、滨州	450	扁圆形	黄褐	宿存	上等	9月上旬	

（续）

品种	别名	产地	单果重（g）	特征			品质	成熟期	其他
				形状	色泽	萼片			
幸水	—	泰安	195	扁圆形	绿黄	脱萼	上等	8月上旬	
新高	—	大部分梨区	484	阔圆锥形	黄褐	脱萼或宿存	中上等	9月中下旬	
新世纪	—	泰安	300	近圆形	黄绿或黄白	脱萼	中上等	8月中旬	
新水	—	泰安	250	扁圆形	浅褐	脱萼或宿存	上等	8月中旬	
若光	—	泰安	250	扁圆形	黄褐	脱萼	上等	7月中下旬	
晚秀	—	泰安	660	扁圆形	绿褐或黄褐	脱萼或宿存	上等	10月中下旬	
大果水晶	—	滨州	430	扁圆形	乳黄		上等	9月下旬	
华山	—	大部分梨区	580	圆形或扁圆形	黄褐	脱萼或残存	上等	9月中下旬	
圆黄	—	大部分梨区	570	圆形或扁圆形	黄褐	脱萼或残存	上等	9月上旬	
早佳	—	青岛	125	短葫芦形	黄绿		上等	6月中旬	
茄梨	—	胶东地区	180.5	短瓢形	黄绿，阳面有浓红晕	宿存	中上等	8月上旬	
伏梨	—	胶东地区	101.2	葫芦形	淡绿，阳面有红晕	宿存	上等	7月上旬	
阿巴特	—	胶东地区	310	长颈葫芦形	黄绿	宿存	上等	9月上旬	
巴梨	—	胶东地区	217	粗颈葫芦形	绿黄或黄	宿存	上等	8月中旬	
红巴梨	—	烟台、泰安	229	粗颈葫芦形	绿黄，阳面有红晕	宿存	中上等	8月中旬	
博斯克	—	烟台	230	卵圆或长圆	褐	宿存	中上等	9月上旬	
伏茄	—	胶东地区	90	葫芦形	黄绿，阳面有红晕	宿存	上等	7月上旬	
康佛伦斯	—	胶东地区	300	葫芦形	黄绿	宿存	上等	9月上中旬	
三季梨	—	烟台、济南	320	葫芦形	黄绿	宿存	上等	8月上旬	
派克汉姆	丑梨	烟台、威海	317	粗颈葫芦形	黄绿	宿存	上等	9月中旬	
拉达娜	—	烟台	230	倒卵形	紫红	宿存	中上等	7月中下旬	
玛利亚	—	烟台	330	葫芦形	黄绿	宿存	中上等	8月中旬	
红茄	—	胶东地区	230	葫芦形	深红	宿存	上等	8月上旬	
秋洋	好本号	烟台、泰安	262.0	长瓢形或纺锤形	鲜黄绿，阳面有红晕	宿存	上等	8月下旬	

（续）

品种	别名	产地	单果重（g）	特征			品质	成熟期	其他
				形状	色泽	萼片			
超红	早红考密斯	烟台、泰安	200	粗颈葫芦形	紫红	宿存	中上等	7月上旬	
红考密斯	—	烟台、泰安	220	短葫芦形	紫红	宿存	中上等	9月上旬	
凯斯凯德	—	烟台、泰安	410	短葫芦形	深红	宿存	上等	9月上旬	
朝鲜洋梨	—	烟台	160	尖倒卵形	黄绿，阳面有红晕	宿存或脱落	中上等	9月上旬	
考密斯	—	烟台	200	短瓢形或近圆形	黄绿	宿存	上等	9月中下旬	
贵妃梨	—	胶东地区	245	纺锤形或倒卵形	黄绿，阳面有暗红晕	宿存	中等	9月下旬	
红安久	—	烟台、济南	230	葫芦形	紫红	宿存或残存	上等	9月中旬	

附表3　桃品种一览表

品种	别名	产地	单果重(g)	特征			酸甜程度	成熟期	其他
				类型	肉色	粘离核			
早血桃	血桃	山东各地	115	毛桃	浓红色	粘核	甜酸	6月中旬	早熟红肉血桃
丹山水蜜	丹上水蜜	崂山	120	毛桃	白色	粘核	酸甜可口	6月中旬	有裂果现象
四月半	四月半	德州	100	毛桃	乳白色	半离核	微酸	6月20日	
秋蜜	秋蜜	荣成	160	毛桃	白色	粘核	甜	6月下旬	
五合桃	四月忙	崂山	79.3	毛桃	白色	粘核	酸	6月底	裂果、味道酸、丰产
五月鲜	五月红	山东各地	120	毛桃	白色	离核	酸甜	6月下旬	
五月白	大白桃	德州	125	毛桃	白色	粘核	酸甜可口	6月下旬	不裂果
螺丝桃	洛丝桃	临朐	100	毛桃	白色	粘核	甜	6月下旬	浓甜
艮水蜜	伏水蜜	崂山	120	毛桃	白色	粘核	酸甜	7月上旬	
六月鲜	鹰嘴桃	齐河	150	毛桃	白色	半离核	微酸	7月上旬	易裂核
春蜜	—	烟台	150	毛桃	白色	粘核	甜酸	7月下旬	
晚红	—	荣成及鲁中地区	132	毛桃	白色	半离核	甜	7月中旬	
白桃	大白桃、白蜜	山东各地	145	毛桃	白色	离核	酸甜	7月下旬	无花粉
初秋	—	齐河	100	毛桃	白色	离核	香甜	7月下旬	外观品质佳
大七月鲜	—	潍坊、临沂	187	毛桃	白色	离核	酸甜	7月下旬	
临城桃	临桃	枣庄	236	毛桃	白色	粘核	甜	8月上旬	浓甜、耐贮运
白仁	白银桃	荣成、栖霞	164	毛桃	乳白色	粘核	酸甜适中	8月中旬	可加工罐头
酸肥桃	—	肥城	250	毛桃	乳白色	粘核	甜	8月下旬	
肥桃2号	—	肥城	300	毛桃	乳白色	粘核	浓甜	8月下旬	肉质细腻
肥桃3号	—	肥城	320	毛桃	乳白色	粘核	浓甜	8月下旬	浓甜
晚大桃	—	肥城	300	毛桃	米黄色	粘核	香甜	9月上旬	
九月菊	—	肥城	250	毛桃	白色	半离核	甜	9月下旬	
吊枝白	—	肥城	350	毛桃	白色	粘核	香甜	9月中旬	成熟后不落果

（续）

品种	别名	产地	单果重(g)	特征			酸甜程度	成熟期	其他
				类型	肉色	粘离核			
六月白	—	肥城	250	毛桃	白色	离核	酸甜	7月中旬	
凹尖肥桃	—	肥城	300	毛桃	白色	粘核	甜	8月下旬	
大尖肥桃	—	肥城	300	毛桃	白色	粘核	甜	8月下旬	
梁山白桃	秋桃	梁山	150	毛桃	白色	离核	甜	9月中旬	冰糖味
梁山青桃	—	梁山	160	毛桃	白色	离核	浓甜	9月下旬	浓甜、微香
梁山红桃	—	梁山	200	毛桃	青白色	离核	香甜	9月下旬	冰糖味
金秋桃	—	招远	183	毛桃	乳白色	离核	甜	9月下旬	
青州早蜜	早蜜桃	青州	70	毛桃	白色	离核	甜	7月下旬	早熟丰产
青州中蜜桃	中蜜桃	青州	80	毛桃	白色	离核	甜	8月中旬	
青州晚蜜	晚蜜桃	青州	75	毛桃	白色	离核	甜	9月下旬	
青州晚红皮	—	青州	55	毛桃	绿白色	离核	甜	10月下旬	
青州晚白皮	—	青州	50	毛桃	绿白色	半离核	微酸	10月下旬	
青州光桃	—	青州	30	油桃	淡绿色	离核	酸甜适口	8月下旬	
保平家桃	—	夏津	155	毛桃	乳白色	离核	香甜	9月下旬	
昌邑冬桃	—	昌邑	250	毛桃	乳白色	离核	酸甜	10月下旬	
玉龙血桃	—	历城	100	毛桃	乳白色	离核	浓甜	10月下旬	
春蕾	沪005	泰安	80	毛桃	乳白色	粘核	甜	6月上旬	
早花露	实生雨花露	鲁中地区	80	毛桃	乳白色	半离核	甜	6月上旬	
早香玉	北京27	山东各地	91	毛桃	乳白色	粘核	甜	6月中旬	香气浓
麦香	京早2号	山东各地	150	毛桃	白色	粘核	酸甜适中	6月中旬	
雨花露	—	山东各地	125	毛桃	乳白色	粘核	酸甜适口	6月中旬	
冈山早生	—	山东各地	100	毛桃	白色	半离核	酸甜	6月中旬	
春丰	—	崂山	97	毛桃	黄白色	粘核	酸甜适中	6月中旬	
春艳	—	崂山	86	毛桃	白色	粘核	微酸	6月下旬	
津艳	—	德州	150	毛桃	白色	半离核	酸甜适中	6月下旬	
砂子早生	—	山东各地	150	毛桃	白色	半离核	甜	6月底	无花粉
朝霞	—	鲁中、鲁西地区	102	毛桃	乳白色	粘核	酸甜适中	7月初	
早白凤	—	鲁中、鲁西地区	109	毛桃	白色	半离核	甜	7月上旬	
白凤	—	山东各地	110	毛桃	乳白色	粘核	甜	7月上旬	果形端正
橘早生	—	烟台	100	毛桃	白色	粘核	酸甜	7月中旬	
仓方早生	—	鲁中地区	190	毛桃	白色	粘核	甜	7月中旬	
传十郎	—	烟台、泰安	140	毛桃	乳白色	半离核	酸甜	7月中旬	

（续）

品种	别名	产地	单果重（g）	特征			酸甜程度	成熟期	其他
				类型	肉色	粘离核			
朝晖	—	鲁中、鲁西地区	155	毛桃	乳白色	粘核	甜	7月中旬	
京玉	—	文登、泰安	150	毛桃	白色	离核	甜	7月下旬	
冈山白	—	临沂	190	毛桃	乳白色	粘核	甜	8月上旬	
大久保	久保	山东各地	200	毛桃	乳白色	离核	甜	8月中旬	
春金	—	泰安、枣庄	70	毛桃	橙黄色	粘核	甜酸	6月中旬	
黄露	黄连	泰安、潍坊	160	毛桃	橙黄色	粘核	酸甜	7月上旬	
红港	—	泰安	160	毛桃	橙黄色	离核	甜酸	7月中旬	
黄粘核	—	泰安	130	毛桃	橘黄色	粘核	酸	7月中旬	
金童5号	—	临沂	160	毛桃	橘黄色	粘核	甜酸	7月中旬	
金晖	—	临沂、泰安	148	毛桃	金黄色	粘核	甜酸	7月下旬	
丰黄	—	潍坊、泰安	160	毛桃	橙黄色	粘核	甜酸	7月下旬	
罐桃14号	—	泰安、临沂	170	毛桃	橘黄色	粘核	甜酸	8月初	
罐桃5号	—	泰安、临沂	180	毛桃	金黄色	粘核	甜酸	8月上旬	
明星	—	山东各地	160	毛桃	橘黄色	粘核	酸甜	8月上旬	
爱保太	离核黄金	烟台、临沂	175	毛桃	黄色	离核	酸甜	8月中旬	
金丰	—	临沂、泰安	170	毛桃	金黄色	粘核	微酸	8月中旬	
晚黄金	黄金桃	山东各地	150	毛桃	黄色	粘核	甜	8月中旬	
锦绣	—	山东各地	150	毛桃	金黄色	粘核	微酸	8月下旬	
金童6号	—	临沂、泰安	170	毛桃	橙黄色	粘核	甜酸适中	8月中旬	
金童7号	—	泰安、临沂	150	毛桃	橙黄色	粘核	酸甜	8月底	
金童8号	—	临沂	178	毛桃	橙红色	粘核	酸甜	8月下旬	
金童9号	—	泰安、临沂	162	毛桃	橙黄色	粘核	酸甜	9月初	
新红早蟠桃	—	泰安	85	蟠桃	乳白色	粘核	酸甜	6月中旬	
中蟠13号	—	山东各地	170	蟠桃	金黄色	粘核	甜	7月上旬	
中蟠11号	—	山东各地	190	蟠桃	金黄色	粘核	酸甜可口	7月中旬	
中蟠10号	—	泰安、临沂	190	蟠桃	乳白色	粘核	甜	7月中旬	
白蜜蟠桃	—	泰安	112	蟠桃	乳黄色	粘核	甜	7月下旬	浓甜
陈圃蟠桃	—	山东各地	123	蟠桃	乳白色	粘核	甜	7月下旬	浓甜
撒花红蟠桃	龙华蟠桃	烟台、泰安	100	蟠桃	乳白色	粘核	甜	7月下旬	柔软多汁
莱芜蟠桃	—	莱芜	120	蟠桃	乳白色	粘核	甜	7月下旬	裂顶
84-8-15	—	泰安、枣庄	145	蟠桃	橘黄色	粘核	甜	8月中旬	浓甜
瑞蟠21号	—	临沂、泰安	220	蟠桃	白	粘核	甜	9月下旬	

（续）

品种	别名	产地	单果重（g）	特征			酸甜程度	成熟期	其他
				类型	肉色	粘离核			
早凤	—	泰安	80	毛桃	乳白	离核	甜	6月中旬	
破核	—	荣成	110	毛桃	乳白色	离核	淡甜	6月底	树姿开张
早甜仁	—	泰安	46	毛桃	紫红色	离核	酸甜	6月底	
胡白	—	泰安	79	毛桃	乳白色	离核	甜酸	7月上旬	
六月酸	—	泰安	98	毛桃	红色	半离核	酸甜	7月上旬	
红麻花	—	泰安	180	毛桃	乳白色	半离核	酸甜	7月中旬	
大胡白	—	泰安	205	毛桃	白色	离核	酸甜	7月中旬	
七月白	—	泰安	70	毛桃	白	离核	甜酸	8月上旬	
八月脆	—	泰安、临沂	190	毛桃	白	粘核	甜	8月中旬	
绿化9号	—	山东各地	235	毛桃	白	粘核	甜	8月中旬	
临清桃	—	临清	170	毛桃	乳白色	粘核	甜	8月下旬	
冻桃370	冬桃	泰安	230	毛桃	白绿	离核	甜	10月下旬	树姿直立
冻桃50	冻桃	临沂	95	毛桃	乳白	离核	甜	10月底	
冬桃547	—	泰安	60	毛桃	乳白	离核	甜	11月中旬	
崂山水蜜	—	崂山	105	毛桃	黄白色	粘核	甜	7月中旬	生理落果

附表4　山楂品种一览表

品种	别名	产地	单果重（g）	特征			品质	成熟期	其他
				形状	色泽	萼片			
吉林大旺	大旺	吉林磐石	6.3	卵圆	深红	三角状卵形，开张反卷	中上等	9月下旬至10月初	抗寒能力强
赣榆2号		江苏赣榆	11.4	扁圆	深红	三角状卵形，直立或闭合反卷	上等	10月上旬	大果厚肉优良品系
辽红	辽阳紫里	辽阳市灯塔县	7.9	长圆	深红	三角状卵圆形，残存，半开张反卷	上等	10月上旬	较耐寒，耐贮藏
秋金星	大金星	鞍山唐家房乡	5.5	近圆	深红	三角形，半开张直立或闭合	上等	9月中旬	抗寒能力强
山西天生		山西晋城市郊	9.1	扁圆	红褐	三角形，开张反卷	下等	10月上旬	丰产，果肉紫红
绛县山楂	绛山红	绛山南部丘陵	16.28	扁圆	深红		上等	10月中下旬	适应性强，抗旱抗寒
清原磨盘	磨盘山楂	辽宁清原	11.2	扁圆	深红	三角形，开张反卷	中上等	10月中旬	丰产稳产耐贮藏
开原软籽	软籽山里红	辽宁西丰、辽阳	1.5	扁圆	鲜红	很长，三角状披针形，开张平展	上等	9月上旬	种核质软可随果肉食用
兴隆紫肉		河北兴隆	6.7	扁圆	深紫红	卵状披针形，开张反卷	上等	10月中旬	果实红色素极高
叶赫山楂		吉林南部地区	6.3	近圆	深红	三角状卵形，开张反卷	中上等	10月上旬	较抗寒，丰产性中等
豫北红		河南辉县	10.0	近圆	大红	三角状卵形，闭合或开张	中上等	10月上旬	结果早，丰产稳产
安泽大果	安泽红	山西安泽	9.4	近圆	鲜红	多闭合，偶有开张	中上等	10月上旬	可山地、丘陵栽培

（续）

品种	别名	产地	单果重（g）	特征			品质	成熟期	其他
				形状	色泽	萼片			
林县上口	适口红	河南林县	8.0	近圆	大红	卵状披针形，开张反卷，紫褐色	中上等	10月上旬	适应性强，抗寒、耐旱
毛红子		沂蒙山区	7.9	扁圆	紫红	针形，开张反卷	上等	9月下旬	树体矮小，早果
雾灵红		河北兴隆	11.7	扁圆	血红	三角状卵形，半开张反卷		9月下旬	高糖、低酸、低果胶
马红		辽宁	6.5		深橙红			9月中旬	丰产稳产，耐贮，抗寒
双红		吉林双阳	5	长圆	鲜红			9月下旬	适宜制药，极抗寒
辐早甜		山东青州	12	扁圆	鲜红	卵状披针形，开张反卷		9月下旬	不耐贮，耐瘠薄
马刚红		沈阳市新城子区	6.5	扁圆	鲜红		中上等	9月中下旬	丰产，耐贮藏，抗寒
沂蒙红		沂蒙山区	19.4	长圆	鲜红	卵状披针形，开张平展		10月上中旬	早果丰产，耐贮藏
沂楂红		山东平邑王家庄村	15.8	扁圆	深红			10月中旬	早果丰产，耐干旱瘠薄
桔红子		山东平邑小广泉村	11.5		深红			10月上中旬	早果丰产，耐贮藏
算盘珠红子	算珠红	山东平邑小广泉村	6.8	长圆	橘红			10月上中旬	耐贮藏，维生素C含量高
西丰红		辽宁西丰	10	扁圆	鲜红	卵状三角形，开张直立	上等	10月上旬	早实丰产，极耐贮藏
寒丰	白条山楂	辽宁恒仁	8.4	扁圆	紫红	三角形，半开张反卷	中上等	10月上旬	适宜加工鲜食，极抗寒
滦红		河北滦平县	10.5	近圆	鲜红		上等	10月上旬	耐贮藏，抗寒抗病
寒露红	大麻星	北京怀柔	7.8	近圆	鲜紫红	三角状卵圆形，残存，开张反卷	中上等	10月上中旬	较抗寒，耐贮藏
燕瓤青		河北西北部	8.3	倒卵圆	深红	披针形，宿存，半开张反卷	下等	10月中旬	耐贮藏，耐瘠薄
京金星		北京怀柔	9.8	长圆	大红	三角状卵形，紫红色，半开张		10月上中旬	耐贮藏，宜加工和鲜食
溪红		辽宁本溪	8.9	近圆	大红		上等	10月上旬	耐贮藏，丰产稳产
泽州红		山西晋城陈家沟	8.7	近圆	红	卵状披针形，残存开张	上等	10月上旬	中原栽培区主栽品种
泽州红肉		山西晋城	11.1	近圆	朱红	半开张或开张反卷	中上等	10月上旬	耐旱，丰产稳产
磨盘红		山东平邑	9.7	近圆	大红	三角形，闭合反卷		10月上旬	耐贮藏，耐瘠薄，丰产

（续）

品种	别名	产地	单果重（g）	特征			品质	成熟期	其他
				形状	色泽	萼片			
星楂	金星绵	山东栖霞	7	扁圆	紫红		中上等	10月上旬	丰产稳产，耐干旱
醴香玉		山东平邑流峪乡	18.7	圆球	深红色	三角形，红色，开张直立		10月上旬	丰产稳产，耐贮藏
大扁红	扁红子	山东平邑铜石镇	19.3	近圆	橘红			10月中下旬	抗花腐病，蚜虫危害轻
辐泉红		山东秤星红辐射	11.4	扁圆	红		上等	10月中旬	抗腐烂病、早期落叶病
百泉8001		河南	11	扁圆	紫红		上等	9月下旬	耐贮藏，抗寒
开原红		辽宁开原	9.9	扁圆	大红	三角形，闭合反卷，背面有茸毛	上等	10月上旬	抗寒，耐贮藏
聂家峪1号		北京密云	6.9	近圆	紫红	残存，开张反卷	中上等	10月上中旬	丰产稳产，适宜加工
挂甲峪1号		北京平谷	8	方圆	大红	浅紫，闭合或开张，有毛		10月上旬	结果早，抗病，耐贮藏
秋红		北京怀柔、昌平	3.4	三角形	深红色	半开张反卷	上等	9月中下旬	树势较强，抗寒耐旱
甜水山楂		辽宁辽阳	8.9	近圆	深红	三角形，开张反卷	上等	10月上旬	较耐寒，丰产稳产
大红袍		山东烟台黄县	8	近圆	紫红	三角状卵圆形，半开张反卷	中上等	9月中下旬	结果早，丰产，不耐贮

图书在版编目（CIP）数据

山东特色优势果树种质资源图志 / 王少敏等著．—北京：中国农业出版社，2019.7
ISBN 978-7-109-25563-0

Ⅰ．①山… Ⅱ．①王… Ⅲ．①果树－种质资源－山东－图集 Ⅳ．①S660.292-64

中国版本图书馆CIP数据核字(2019)第103733号

中国农业出版社出版
地址：北京市朝阳区麦子店街18号楼
邮编：100125
责任编辑：舒 薇 王琦瑢 李 蕊
版式设计：杜 然 责任校对：沙凯霖
印刷：北京通州皇家印刷厂
版次：2019年7月第1版
印次：2019年7月北京第1次印刷
发行：新华书店北京发行所
开本：787mm×1092mm 1/16
印张：15
字数：300千字
定价：480.00元
